普通高等教育系列教材

Premiere Pro CC 视频编辑基础与案例教程

黄伟波　刘江辉　李晓丹　林　茵　编著

机械工业出版社

本书从实用角度出发，介绍了利用 Premiere 编辑处理视频、音频应具备的基础知识，包括视频编辑的有关概念、软件界面与功能介绍、视频切换方法、视频特效应用、音频合成、字幕制作、宣传片制作方法等；通过 32 个实用性很强的具体案例，详细介绍了 Premiere 的使用方法和操作流程；以校园导览宣传片、宠物电子相册为例，讲解了数字媒体视频作品的制作方法。

　　本书内容系统全面、案例丰富，每章配有习题、电子课件、素材，以便指导读者深入学习。

　　本书既可作为高等学校计算机软件技术课程的教材，又可作为视频剪辑爱好者、影视编辑人员的技术参考书。

　　本书配有电子教案和素材文件，需要的教师可登录www.cmpedu.com免费注册，审核通过后下载，或联系编辑索取（微信：15910938545，电话：010-88379739）。

图书在版编目（CIP）数据

Premiere Pro CC 视频编辑基础与案例教程 / 黄伟波等编著. —北京：机械工业出版社，2019.1（2024.3 重印）

普通高等教育系列教材

ISBN 978-7-111-61689-4

Ⅰ. ①P⋯　Ⅱ. ①黄⋯　Ⅲ. ①视频编辑软件－高等学校－教材　Ⅳ. ①TP317.53

中国版本图书馆 CIP 数据核字（2019）第 000678 号

机械工业出版社（北京市百万庄大街 22 号　邮政编码 100037）
策划编辑：和庆娣　责任编辑：胡　静　赵小花
责任校对：张艳霞　责任印制：郜　敏
北京富资园科技发展有限公司印刷

2024 年 3 月第 1 版・第 6 次印刷
184mm×260mm・15.5 印张・379 千字
标准书号：ISBN 978-7-111-61689-4
定价：49.00 元

电话服务

客服电话：010-88361066
　　　　　010-88379833
　　　　　010-68326294

封底无防伪标均为盗版

网络服务

机 工 官 网：www.cmpbook.com
机 工 官 博：weibo.com/cmp1952
金 书 网：www.golden-book.com
机工教育服务网：www.cmpedu.com

前　言

　　视频编辑是计算机数字媒体设计的一个重要应用。Premiere 是目前最流行的影视作品后期制作工具之一。本书以自媒体发展对数字媒体设计、视频编辑实际应用的需求为背景，介绍 Premiere Pro CC 编辑处理的实用剪辑技术。

　　本书从编辑制作视频作品所用到的基本概念（动画、关键帧等）讲起，由浅入深，逐步介绍 Premiere 包含的切换、特效、音频、字幕等的使用方法（如翻页过渡、马赛克特效的制作方法等）、操作步骤和技术要点，视频作品的输出等内容。本书作为面向 21 世纪高等院校计算机辅助设计规划教材，体现了计算机应用技术课程改革的方向之一。本课程建议授课学时为 32 学时，实验学时 20 学时。

　　在设计制作方面，以当前最流行的影视作品后期编辑工具之一的 Premiere 为背景，介绍视频编辑制作的操作步骤。同时，介绍了许多实际制作过程中所使用的技术要点。通过这些技术要点，可以大大加快视频作品的编辑速度。

　　本书所介绍的案例都是在 Windows 7 及 Premiere Pro CC 环境下制作的。每章都给出了相应的完整案例，以帮助读者顺利地完成视频作品的制作。从新建项目、素材的引入、编辑制作，到作品的输出，读者都可以按照书中内容进行操作。同时，每章后面都附有练习。

　　本书由广东外语外贸大学的黄伟波、刘江辉、李晓丹、林茵编著。本书第 1 章 Premiere Pro CC 视频编辑基础、第 2 章视频过渡效果、第 3 章视频效果设计由黄伟波编著；第 4 章音效、第 5 章字幕由刘江辉编著；第 6 章宣传片——校园导览由李晓丹编写；第 7 章电子相册——宠物相册由林茵编写。

　　感谢广东外语外贸大学教育技术中心、实验教学中心的领导和老师对本书的顺利出版所给予的大力支持和帮助。

　　由于时间仓促，书中难免存在不妥之处，敬请读者批评指正，提出宝贵意见和建议。

编　者

目　　录

IV

第1章　Premiere Pro CC 视频编辑基础

使用 Premiere 软件,可以把各种不同的素材片段组接、编辑、处理并最终生成一个视频文件。本章主要介绍视频编辑的相关术语,软件的操作界面、功能和使用方法,部分常用的工具,并通过几个实例由浅入深地讲解视频制作的流程。通过本章的学习,要能够掌握建立工程项目、导入素材、简单编辑素材、输出作品等视频剪辑的基本操作,为后面的学习打下基础。

1.1　视频编辑概述

视频编辑

视频主要指以电信号的方式捕捉、记录一系列静态影像,并以连续的图像变化来展示,当每秒超过 24 帧画面时,根据视觉暂留原理,人眼无法辨别单幅静态画面,看到的是平滑连续的视觉效果,在此基础上再采用计算机技术加以处理、存储、传送与重现。随着技术的发展和人们需求的增加,越来越多的视频编辑软件应运而生,如 Adobe Premiere、绘声绘影、MediaStudio Pro 等,本书的讲解和案例基于 Adobe Premiere 软件的功能。

应用领域

视频作为一种记录的手段,相比纯静态的图片来说有更加丰富多彩的动态效果,能给人留下更加深刻的印象。在现代社会,以视频的形式进行宣传已经是不可替代的传播途径,无论是电视剧、电影、宣传片等,还是层出不穷的各种视频网站和视频 APP,都大大丰富了人们的生活。

应用原则

本章以案例操作讲解如何新建项目文件、导入素材、将素材按顺序放置到序列中等基本操作,并在序列中对视频做简单的编辑,简单调整界面显示和视频长度,最后将编辑好的作品以视频文件的形式输出。

1.1.1　相关的基本概念和术语

1)动画。动画是基于人的视觉暂留原理创建的运动图像,在一定时间内连续快速观看一系列相关联的静止画面时,会感觉是连续动作,每个单幅画面被称为帧。

2)关键帧。关键帧是指定义在动画中的变化的帧。这是 Adobe Premiere 中极为重要的概念,通常使用的视频效果至少需设置两个关键帧。

3)渲染。渲染是对图像的每帧进行重新优化的过程。

4)分辨率。DPI 表示分辨率,指每英寸长度上的点数,单位为像素。

5)帧率。FPS 即 Frames per Second,表示每秒显示帧数,俗称帧率。

1.1.2 视频编辑基本流程

视频编辑基本流程如下:

1) 创建彩条素材。

2) 剪切素材。

3) 调整素材速度。

4) 复制素材。

5) 移动素材。

6) 分割素材音视频。

1.2 视频编辑基本流程应用

目标

认识 Premiere 各操作界面的功能模块,掌握使用 Premiere 软件进行视频编辑的基本流程,能够对视频素材进行基本的编辑处理。

步骤

使用 Premiere 软件完成以下操作。

1) 新建项目。

2) 认识 Premiere 各操作界面。

3) 导入素材。

4) 将素材拖至序列。

5) 对素材进行简单编辑。

6) 导出视频文件。

应用案例

1. 新建项目

新建项目,命名为"简单操作流程"。

1) 打开计算机"开始"菜单,选择"程序"→"Adobe"→"Adobe Premiere Pro CC"命令,打开 Premiere 软件界面,如图 1-1 所示。

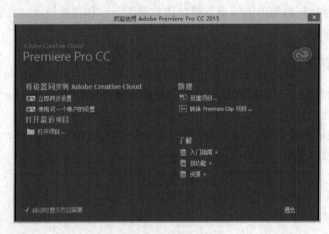

图 1-1　软件界面

2）单击"新建项目"，创建项目，打开"新建项目"对话框。

3）在"新建项目"对话框中，单击"浏览"，打开"浏览"对话框，自行选择存放项目文件的位置。

4）在"名称"文本框中，输入"简单操作流程"，如图 1-2 所示。单击"确定"按钮，完成项目的建立后进入 Premiere 软件的操作界面。

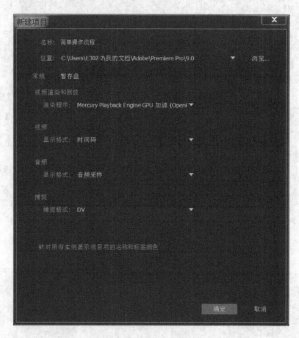

图 1-2 导入视频素材

2．认识 Premiere 各操作界面

（1）工作界面整体介绍

Premiere 的工作界面主要有 4 大区域，分别是源界面、节目界面、项目和效果界面和序列界面，各个区域具有不同的功能。制作一个完整、丰富的视频文件往往需要 4 个区域共同发挥作用，如图 1-3 所示。

（2）菜单栏介绍

Premiere 的菜单栏位于工作界面的左上角，包括的选项有文件、编辑、剪辑、序列、标记、字幕、窗口、帮助，单击相应的菜单选项，会弹出具体的功能选项供选择。以菜单栏的"文件"为例，单击"文件"，会弹出很长的功能选项菜单，有新建、打开项目、关闭项目和保存等。

（3）源和节目界面介绍

源界面主要有源、效果控件、音频剪辑混合器和元数据 4 个功能。当新建项目后，导入的视频或图片文件会呈现在"源"窗口中。在"源"窗口中单击视频或图片文件，视频或图片文件会在右边的节目界面中出现，在该界面可以进行视频标记和画面大小调整等操作。在"效果控件"窗口可以对导入的视频或图片文件所添加的各种效果进行参数设置，使得所使用的效果与视频或图片文件更加匹配。"音频剪辑混合器"中可针对音频文件进行设置。在"元数据"中可以查看视频或图片文件的名称、类型、属性和权限管理等相关信息，如图 1-4 所示节目界面用于预览节目。

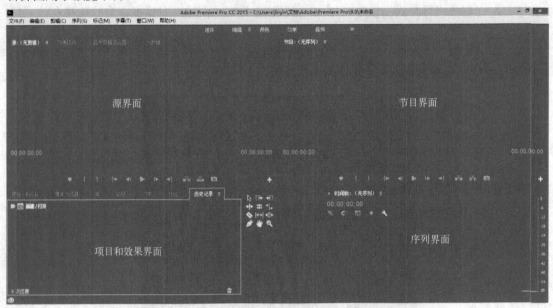

图 1-3 工作界面

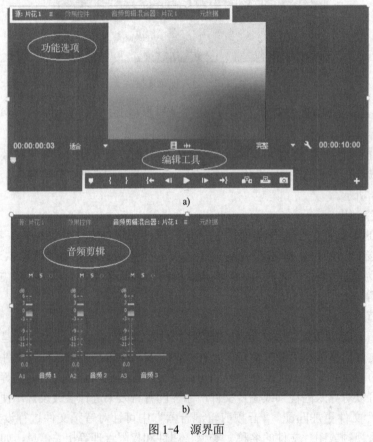

图 1-4 源界面

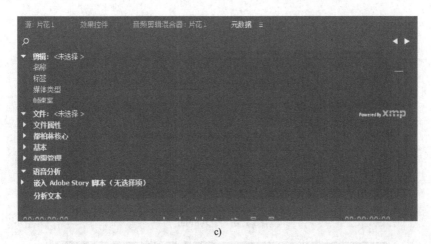

c)

图 1-4 源界面（续）

a) 源　b) 音频剪辑混合器　c) 元数据

（4）项目和效果界面介绍

项目和效果界面位于工作界面的左下部分，包括项目、媒体浏览器、库、信息、效果、标记和历史记录。在"媒体浏览器"窗口浏览所要导入的视频或图片文件，导入的视频或图片文件会呈现在"项目"窗口。在"信息"窗口可以查看导入的视频或图片文件的相关信息。"效果"窗口有大量的视频效果可供选择，包括音频效果和视频过渡效果等，如图 1-5 所示。

图 1-5　项目和效果界面

（5）序列界面介绍

序列界面位于工作界面的右下部分，在序列界面可以清晰地看出导入视频或图片文件的长度，可以对视频或图片文件的长度进行剪切。在对多个视频进行剪辑时也可以清楚地看出各个视频的相互嵌套关系，如图 1-6 所示。

（6）主要工具介绍

主要工具图标位于项目和效果界面与序列界面的中间，一共有 12 个选项，包括选择工具、波纹编辑工作、剃刀工具等。

3．导入素材

选择菜单命令"文件"→"导入"，选择"素材文件\教材-素材\实例 01"，打开文件夹，在文件夹中选择"远眺""雾气""海滩 1""花海" 4 个视频文件和"献给爱丽丝"音频文件。

单击"打开"按钮，将素材导入"项目"窗口，如图1-7所示。

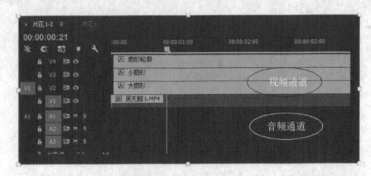

图1-6 序列界面

图1-7 导入素材

4. 将素材拖至序列

1）将"项目"窗口中的"远眺""雾气""海滩 1""花海" 4 个视频文件拖至序列序列 1 的视频 1 轨道中。

2）将"项目"窗口中的"献给爱丽丝"拖至序列序列 1 的音频 1 轨道中，如图 1-8 所示。

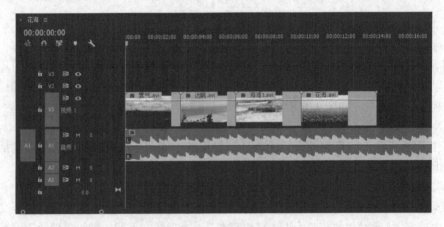

图1-8 排列视频

5. 对素材进行简单编辑

1) 在"节目"窗口中，素材视频不能全屏显示。右击序列上的素材"花海"，在弹出的快捷菜单中选择"缩放为帧大小"，图像即可全屏显示；也可以在"节目"窗口左下角的选项中，将"适合"切换成100%，图像也可以全屏显示，如图1-9所示。

图1-9　全屏显示

2) 用同样的方法，对另外3段视频素材进行相同操作。

3) 适度缩短"献给爱丽丝"歌曲的时长，使4段视频与音频素材的时间长度一致。

4) 按〈Space〉键，播放已编辑处理后的视频，预览编辑效果，如图1-10所示。

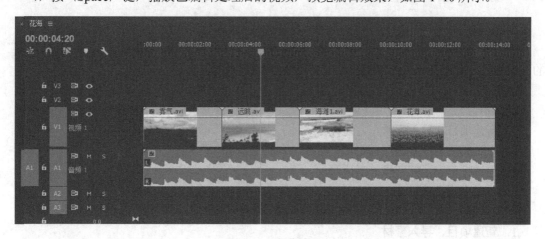

图1-10　预览效果

6. 导出视频文件

选择菜单命令"文件"→"导出"→"媒体"，在"导出设置"中，选择"格式"为"AVI"，在"输出名称"文本框中输入"简单操作.avi"，单击"导出"按钮，如图1-11所示。

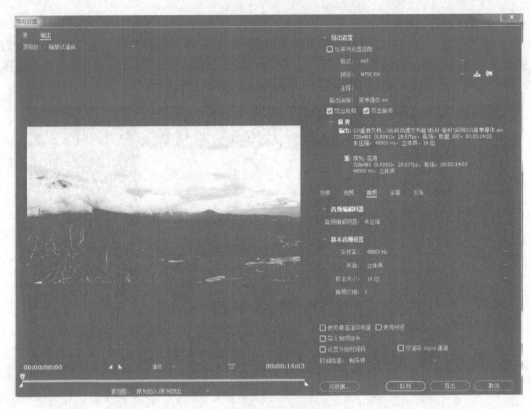

图 1-11　导出视频文件

1.3　剪辑声音与视频画面

目标

通过对音频文件进行分析，根据波形提示和对音频内容的监听添加标记，然后放置相应的视频素材，并配合音频内容和波形，合理地剪辑视频画面。

步骤

剪辑声音与视频画面的步骤如下。

1）新建项目，导入素材。

2）在音频适当位置添加标记。

3）通过标记来匹配音频的对应画面。

4）导出视频文件。

应用案例

1. 新建项目、导入素材

1）打开 Premiere 软件，选择菜单命令"文件"→"新建"→"项目"，新建项目文件，名称为"声音配合画面"。

2）选择菜单命令"文件"→"导入"，选择"素材文件\教材-素材\实例 02"，打开文件夹，导入"长歌行"音频文件和 7 张图片"余晖""日落""海 1""海 2""青草""黄叶 1""黄叶 2"，如图 1-12 所示。

图 1-12　导入素材

2. 监听音频，添加标记

1）在"项目"窗口中，将"长歌行"的音频拖至序列音频轨道中。按〈Space〉键播放音频，播放童声诗歌。诗歌包括五句，第一句为"青青园中葵，朝露待日晞"，第二句为"阳春布德泽，万物生光辉"，第三句为"常恐秋节至，焜黄华叶衰"，第四句为"百川东到海，何时复西归"，第五句为"少壮不努力，老大徒伤悲"。

2）通过放大素材轨道高度来放大音频波形，以视图形式来观察素材音频。将光标放置在"音频 1"与"音频 2"的交界位置，光标形状变成双方向横线，按住左键不放，将"音频 1"的下部向下拖拽，增加"音频 1"轨道高度，即可放大音频波形。在"音频 1"的波形图示中，声音停顿时波形降至低位，如图 1-13a 所示。

3）在每句诗词开始的位置，通过"标记"工具 ■ 进行标记，将音频分割成 5 部分，如图 1-13b 所示。

3. 为音频设置对应画面

1）在序列标尺上添加了标记，就确定了需要添加的画面及其位置和时长。从"项目"窗口中找到素材"长歌行"，为标记的 5 部分音频添加对应画面。将"青草"放到"音频 1"的第一部分，并按照标记进行调整。

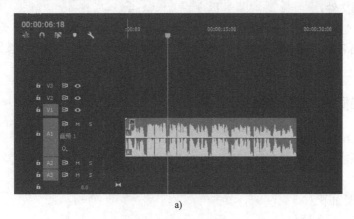

a)

图 1-13　音频设置

a) 增加轨道高度后的音频波形

9

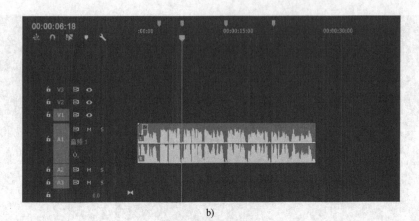

b)

图1-13 音频设置

b) 添加标记点为音频分段

2）找到素材"余晖"，将"余晖"放在"音频1"的第二部分，并进行调整。

3）找到素材"落日"，将"落日"放到"音频1"的第三部分。接着，将"黄叶1""黄叶2"放在"音频1"的第四部分，"海1""海2"放在"音频1"的第五部分，如图1-14所示。

图1-14 为音频设置对应画面

4．导出视频文件

选择菜单命令"文件"→"导出"→"媒体"，在"导出设置"中，选择"格式"为"AVI"，在"输出名称"文本框中输入"声音配合画面.avi"，单击"导出"按钮，导出编辑好的视频文件。

1.4 三点编辑与四点编辑

目标

对素材进行剪接，方式有多种，现介绍三点编辑和四点编辑的剪接方法。

步骤

素材剪接步骤如下。

1）新建项目，导入素材。

2）在"源"窗口中定义好入点和出点。

3）在序列上定义好入点和出点。

4）确定音视频是选择插入方式还是覆盖方式，将素材放在序列上。

5）导出视频文件。

应用案例

1．新建项目、导入素材

1）打开 Premiere 软件，选择菜单命令"文件"→"新建"→"项目"，新建项目文件，名称为"三四点编辑"。

2）选择菜单命令"文件"→"导入"，选择"素材文件\教材-素材\实例 03"，打开文件夹，导入"黑天鹅1""黑天鹅2""黑天鹅3"3个视频素材文件。

3）双击素材文件，在"源"窗口中预览。"黑天鹅 1"在"源"窗口中的预览，如图 1-15 所示。

图 1-15　在"源"窗口中预览"黑天鹅 1"

4）预览"黑天鹅 1"素材的内容，可以看到第 0 秒至 4 秒 3 帧为"黑天鹅近景"的镜头，第 4 秒 4 帧至第 13 秒 4 帧为"黑天鹅渐远景"的镜头，第 13 秒 5 帧到 20 秒 11 帧为"全景"镜头。

2．将素材文件放到序列

1）将素材从"项目"窗口中拖至序列上，也可以从"源"窗口选择素材。在"源"窗口中打开"黑天鹅 1"，单击"插入"按钮，将素材插入序列，如图 1-16 所示。

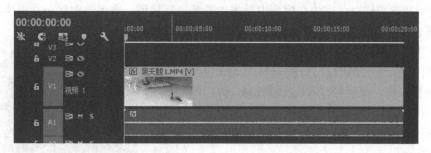

图 1-16　将素材插入序列

2）将"黑天鹅 1"添加到序列 1 中的"视频 1"中，同时可以在音频轨道看到其音频。

3．四点编辑

1）双击"项目"窗口中的"黑天鹅 2"，将其在"源"窗口中打开，在 0 秒位置单击"标记入点"按钮▐（快捷键〈I〉），在第 4 秒处单击"标记出点"按钮▐（快捷键〈O〉），定义 4 秒长度的源素材，如图 1-17 所示。

图 1-17　定义视频长度

2）在序列的第 4 秒 10 帧按〈I〉键设置入点，再将序列移至第 6 秒 10 帧处，按〈O〉键设置出点。

3）在"源"窗口单击"覆盖"按钮▐，准备用"源"窗口中已选定的"黑天鹅 2"素材覆盖序列中 2 秒长的"黑天鹅渐远景"部分的视频，如图 1-18 所示。

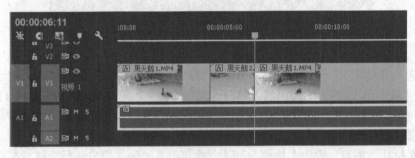

图 1-18　设置两对入点和出点

4）使用覆盖操作时，需先在序列中单击"音频 1"轨道，取消选中状态，以确保音频轨道不会被覆盖。

5）当选取的两段素材长度一致时，直接替换覆盖，不会有任何提示。当源素材与目标素材时间长度不一致时，将出现提示框。源素材时间长度较长时，弹出图 1-19 所示的"适合剪辑"对话框，选择"忽略源出点"单选按钮剪切尾部，单击"确定"按钮，将源素材多余的后一部分自动减掉。

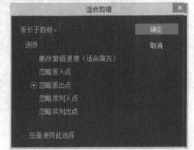

图 1-19　"适合剪辑"对话框

4．三点编辑

1）双击"项目"窗口中的"黑天鹅 3"，在"源"窗口中打开，在第 0 秒按〈I〉键设置入点，在第 1 秒 24 帧按〈O〉键设置出点，如图 1-20 所示。

图 1-20　定义视频长度

2）在序列中的第 1 秒 10 帧处按〈I〉键设置入点。

3）在"源"窗口中单击"覆盖"按钮，将"源"窗口中的素材覆盖到目标视频上，如图 1-21 所示。

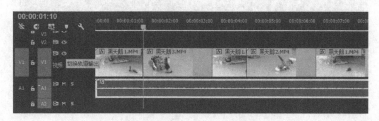

图 1-21　利用三点编辑覆盖素材

1.5　关键帧操作

目标

认识关键帧，掌握关键帧动画的具体操作。关键帧是定义在动画中变化的帧，通过设置素材的尺寸、位置和旋转角度等相关参数，使素材播放时形成动画。

步骤

关键帧操作实例步骤如下。

1）新建项目，导入静态图片。

2）添加关键帧动画。

3）复制关键帧动画。

4）设置多画面动画。

5）播放动画。

6）导出视频文件。

应用案例

1．新建项目，导入静态图片

1）打开 Premiere 软件，选择菜单命令"文件"→"新建"→"项目"，新建项目文件，名称为"关键帧动画"。

2）导入图片前，首先批量设置图片参数。选择"编辑"→"首选项"→"常规"，将"静止图像默认持续时间"修改为 5 秒，如图 1-22 所示。

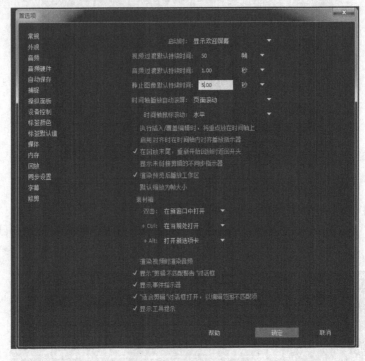

图 1-22　修改参数

3）选择菜单命令"文件"→"导入"，选择"素材文件\教材-素材\实例 04"，打开文件夹，导入"风景 1""风景 2""风景 3""风景 4" 4 个图片文件。

2．添加关键帧动画

1）在"项目"窗口中，选择"风景 1"并拖至序列中。在序列中选择"风景 1"，打开"效果控件"窗口，单击"运动"左侧的小三角形图标，展开"运动"节点，如图 1-23 所示。

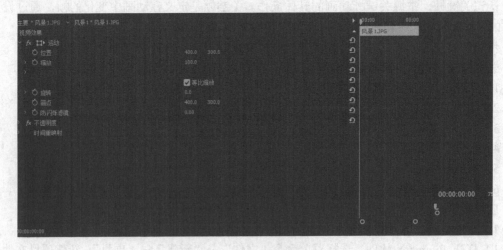

图 1-23　展开"运动"节点

2）将缩放比例设为 50，缩小图片尺寸。在 0 秒处添加一个关键帧，位置设置为（2016，1512），如图 1-24a 所示。然后将时间移至第 12 帧处，单击"效果控件"窗口中的"位置"，再添加一个关键帧，位置设置为（1014，778），如图 1-24b 所示。

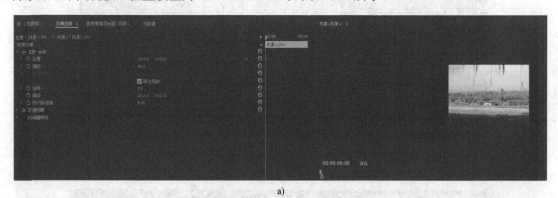

a)

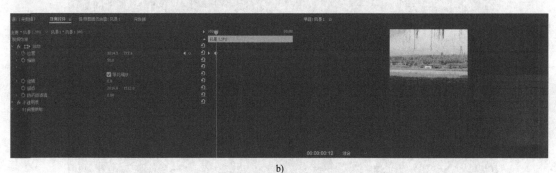

b)

图 1-24　添加关键帧

a) 添加关键帧 1　　b) 添加关键帧 2

3）单击"运动"，查看其运动轨迹。

3．复制关键帧动画

1）分别将"风景 2""风景 3""风景 4"拖到 2～4 视频轨道上。

2）通过属性复制，将"风景 1"的属性复制到其他三张图片上。选中"效果控件"窗口的"运动"，按〈Ctrl+C〉键复制，然后再按〈Ctrl+V〉键粘贴，将效果属性复制给其他三张图片，使三个素材具有相同的运动设置。

4．设置多画面动画

1）将每幅图片依次相对后移 12 帧，如图 1-25 所示。

2）将时间移到第 2 秒 5 帧处，选择"风景 1"，在"效果控件"窗口中单击"位置"和"旋转"添加关键帧，如图 1-26 所示。

3）将时间移到第 2 秒 17 帧处，将"位置"设置为（3015.2，780），"旋转"设置为 360，如图 1-27 所示。

4）按照同样的操作，选择"风景 2"，依次在第 2 秒 5 帧和第 2 秒 17 帧处添加关键帧，并将第 2 秒 17 帧处的"位置"设为（1030，2280），"旋转"设为-360，如图 1-28 所示。

5）选择"风景 3"，在第 2 秒 5 帧和第 2 秒 17 帧处添加关键帧，并将第 2 秒 17 帧处的"位置"设为（3050，2280），"旋转"设为 360。

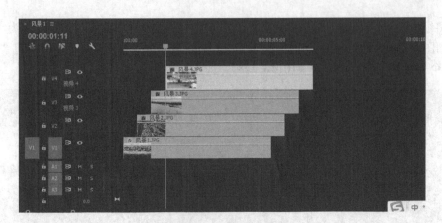

图1-25　在序列上移动素材

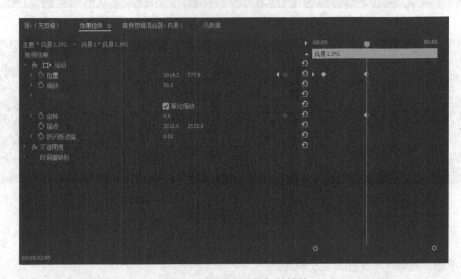

图1-26　"风景1"添加关键帧

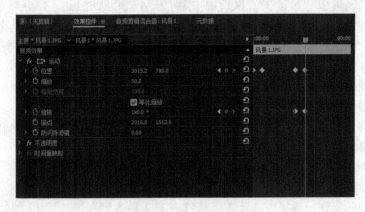

图1-27　添加关键帧

6）选择"风景4"，在第2秒5帧和第2秒17帧处添加关键帧，并将第2秒17帧处的"位置"设为（1014，778），"旋转"设为-360。

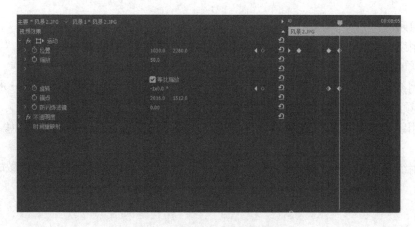

图 1-28 "风景 2" 添加关键帧

5. 播放动画

将图片结尾处对齐：在第 5 秒处，单击"剃刀"工具▓删除 5 秒后的素材。按〈Space〉键播放动画，关键帧动画效果如图 1-29 所示。

图 1-29 关键帧动画效果

6. 导出视频文件

选择菜单命令"文件"→"导出"→"媒体"，在"导出设置"中，选择"格式"为"AVI"，在"输出名称"文本框中输入"关键帧动画.avi"，单击"导出"按钮，导出编辑好的视频文件。

1.6 思考与练习

1. 思考题

1）三点编辑与四点编辑的操作要点是什么？操作过程是怎样的？

2）关键帧会形成什么效果？如何设置关键帧？

2．练习题

1）利用练习文件中的"海岸线""浪花""暮色下海滩""雨后城市"和音频"将进酒"C片段进行简单编辑处理。

2）利用练习文件中的"傍晚""时间""天空下""远方"和音频"苏轼——水调歌头"将声音和视频画面对应起来，编辑成一段视频。

3）利用练习文件中的"花草 1""花草 2""花草 3"进行三点编辑和四点编辑，做成视频。

4）利用练习文件中的"雕像""树木""小径""钟楼"进行关键帧的设置，做成视频。

第 2 章　视频过渡效果

人们在日常生活中，经常使用手机、相机等设备拍摄照片或视频。为更好地展示这些图片、视频，可以使用 Premiere 将其作为素材进行处理，编辑为一个具有趣味性、艺术性的作品。为素材之间添加过渡效果，可以使相对独立的一张张照片变得更加连贯。Premiere 软件本身包含了大量的过渡效果，通过本章的学习，能够掌握过渡效果的添加、修改、删除等操作，为镜头的切换方式提供多种选择。

2.1　视频过渡效果概述

视频过渡

视频过渡标志着一段视频结束，同时下一段视频紧接着继续。视频过渡效果在电影中叫作转场或者镜头过渡。在制作影片时，视频素材之间最简单的连接方式就是简单的跳转。转场效果可以让视频之间实现自然的过渡，它用于控制两个相邻的视频素材如何相互融合在一起，从而看起来更加亲切。

应用领域

视频过渡效果应用在视频中场景发生转换的连接处。视频一般不会只有一个场景，例如，在电视剧或电影中，每一集甚至每一分钟都穿插着好几个场景的转换，因此视频过渡效果也是视频的基本要素。

应用原则

本章以案例讲解新建项目文件、导入素材、在视频素材之间添加不同的视频过渡效果等基本操作，并在序列中对视频做简单的编辑，最后将编辑好的作品以视频文件的形式输出。

2.1.1　相关的基本概念和术语

1）场景：场景也可以称为镜头，它是视频作品的基本元素。大多数情况下它是摄像机一次拍摄的一小段内容。

2）画册翻动过渡效果：画册翻动过渡效果类似于日常生活中一页一页翻动相册的动作，常用于制作相册。

3）自定义过渡效果：自定义过渡效果给予使用者更多的自由空间，使用者可以根据自己的需要进行参数设置。

4）划入划出过渡效果：划入划出过渡效果类似于 PPT 中的划入划出效果，可以与背景素材进行搭配，做出画中画的划入划出效果。

5）多层过渡效果：多层过渡效果不是 Adobe Premiere 中的具体效果，而是指多种过渡效果共同使用，使视频呈现出多彩效果。

6）序列嵌套：序列嵌套是指多条序列进行嵌套，再对画面大小和位置进行设置，使得画面可以在同一屏幕内显示。

7）卷轴画：卷轴画可以使图片呈现慢慢展开的效果，给人一种期待感。

2.1.2　视频过渡效果基本流程

1．管理经常应用的过渡效果

在 Adobe Premiere Pro CC 中，用户可以建立一些新的文件夹用于存放常用的过渡效果，可以通过在效果面板中的新建自定义文件夹命令来实现。

2．过渡效果应用

1）设置过渡效果的默认过渡时间。

2）设置默认的过渡效果。

3）管理经常应用的过渡效果。

2.2　制作立体旋转过渡效果

目标

掌握场景画面之间立体旋转过渡的技巧。

步骤

使用 Premiere 软件完成以下操作。

1）新建项目，导入素材。

2）添加过渡效果，制作四季转换。

3）导出视频文件。

应用案例

1．新建项目，导入素材

1）打开 Premiere 软件，选择菜单命令"文件"→"新建"→"项目"，新建项目文件，名称为 "立体旋转过渡效果"，如图 2-1 所示。

2）选择菜单命令"编辑"→"首选项"→"常规"，将"视频过渡默认持续时间"设置为 50 帧，将"静止图像默认持续时间"设置为 3 秒，完成后单击"确定"按钮，如图 2-2 所示。

3）选择菜单命令"文件"→"导入"，选择"素材文件\教材-素材\实例 05"，打开文件夹，导入"故宫1""故宫2""故宫3""故宫4"4 个图片文件。在"项目"窗口中可以看到 4 个图片素材的长度都为 3 秒，如图 2-3 所示。

2．添加过渡效果

1）在"项目"窗口中依次选中 4 个素材文件并拖至序列的视频轨道 1 上。

2）序列上当前时间在第 0 秒处，按〈Page Down〉键，就跳到下一个素材的开始点，停在 3 秒处。

3）打开"效果"窗口，选择"视频过渡"→"3D 运动"→"立方体旋转"，将其拖至序列上的两张图片之间，在第 2 秒和第 4 秒之间添加了"立方体旋转"效果，如图 2-4 所示。

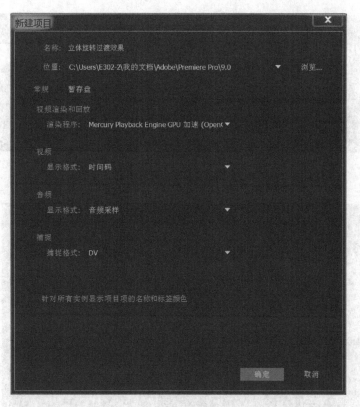

图 2-1 新建项目

图 2-2 修改参数

图 2-3　查看素材长度

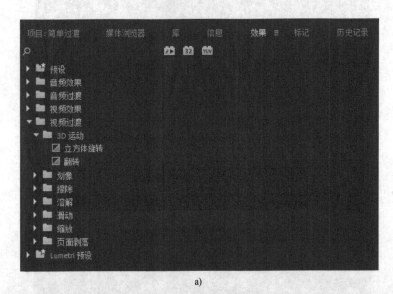

a)

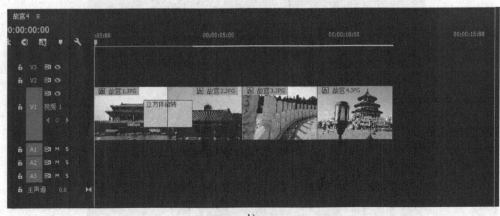

b)

图 2-4　添加"立方体旋转"过渡效果

a) 选择"立方体旋转"　b) 添加"立方体旋转"过渡

4）单击"立方体旋转"，可以在"效果控件"窗口查看"立方体旋转"过渡的详细信息，并对过渡效果的参数进行自定义。选择"显示实际源"复选框，可以显示当前素材的图像，如图 2-5 所示。

图 2-5　在"效果控件"窗口中查看过渡信息

5）"效果控件"窗口右侧的"持续时间"显示过渡的时长。可以根据需要，在"持续时间"文本框设置时长，并选择对齐方式，如图 2-6 所示。

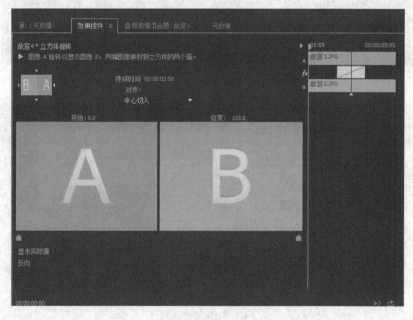

图 2-6　设置过渡参数

6）在"效果控件"窗口右边图示中，可以直观地显示过渡时间点，拖动过渡图标的两端能够直接更改长度，如图 2-6 所示。

7）继续其他几张图片的立方体旋转过渡的制作，在后三张图片之间添加"立方体旋转"过渡效果，即在第 6 秒和第 9 秒分别添加过渡效果，如图 2-7 所示。

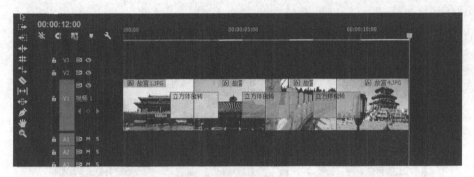

图 2-7　添加所有过渡

3．导出视频文件

选择菜单命令"文件"→"导出"→"媒体"，在"导出设置"中，选择"格式"为"AVI"，在"输出名称"文本框中输入"故宫-立体旋转过渡效果.avi"，单击"导出"按钮，如图 2-8a 所示。效果预览如图 2-8b 所示。

a)

b)

图 2-8　导出文件并查看效果

a) 导出设置　b) 效果预览

2.3 制作画册翻页过渡效果

目标

掌握翻页过渡效果的使用。将对素材图片使用翻页过渡效果，制作具有翻页效果的画面。

步骤

使用 Premiere 软件完成以下操作。

1）新建项目，导入素材。

2）制作画册封面。

3）新建序列。

4）制作翻页画册。

5）导出视频文件。

应用案例

1．新建项目，导入素材

1）打开 Premiere 软件，选择菜单命令"文件"→"新建"→"项目"，新建项目文件，名称为"画册翻页过渡效果"。

2）选择菜单命令"编辑"→"首选项"→"常规"，将"视频过渡默认持续时间"设置为 50 帧，将"静止图像默认持续时间"设置为 3 秒，完成后单击"确定"按钮。

3）选择菜单命令"文件"→"导入"，选择"素材文件\教材-素材\实例 06"，打开文件夹，导入花朵 A～G 七个图片文件和字幕文件"花朵集"。在"项目"窗口中，这些素材的持续时间都为 3 秒，如图 2-9 所示。

图 2-9　查看素材长度

2．制作画册封面

1）在"项目"窗口中单击"新建项"按钮，在弹出的菜单中选择"颜色遮罩"，使用默认的参数设置，单击"确定"按钮打开"拾色器"对话框，如图 2-10 所示。将 RGB 设为浅蓝色，单击"确定"按钮，在"项目"窗口建立长为 3 秒的颜色遮罩。

2）将"颜色遮罩"拖至序列中的"视频 1"轨道，将"花朵 F"拖至"视频 2"轨道，将"花朵 G"拖至"视频 3"轨道。将字幕文件素材拖至"视频 3"轨道上方，系统自动添加"视频 4"轨道，可以放置字幕素材，如图 2-11 所示。

3）选择序列中的"花朵 G"，在"效果控件"窗口中，单击"运动"，素材四周出现 8 个点，用鼠标拖动素材，根据素材在窗口的位置灵活放置。设置"不透明度"为 50%，即设为半透明，如图 2-12 所示。

图 2-10　拾色器

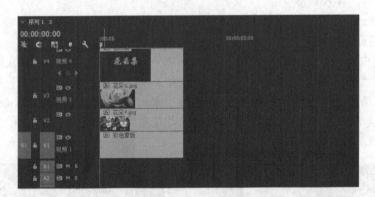

图 2-11　放置素材

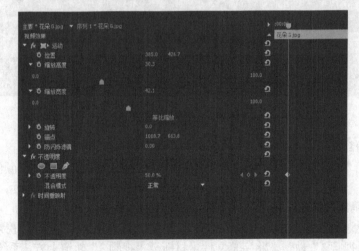

图 2-12　设置图片效果

4）选择"花朵 F"，在"效果控件"窗口中，取消选择"等比缩放"，设置图片的位置为
（300，100），设置"不透明度"为 50%，如图 2-13a 所示。显示效果如图 2-13b 所示。

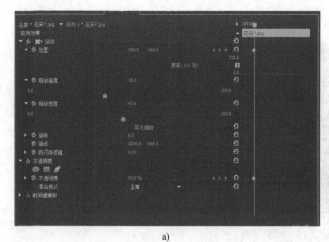

a)   b)

图 2-13　设置图片效果

a) 设置图片位置和不透明度　b) 显示效果

3. 新建序列

1）在"项目"窗口中单击"新建项"按钮 ，在弹出的菜单中选择"序列"，打开"新建序列"对话框，新建名称为"序列 2"的序列，单击"确定"按钮完成创建，如图 2-14所示。

图 2-14　新建序列

2）将序列 1 拖至序列 2 中，如图 2-15 所示。

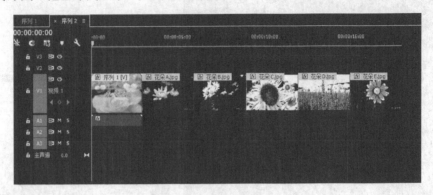

图 2-15　拖动序列

3）同样，将"花朵 A"～"花朵 E"拖至序列 2 中。

4. 制作翻页相册

1）打开"效果"窗口，选择"视频过渡"→"页面剥落"→"翻页"，将其拖至"视频 1"轨道中"序列 1"和"花朵 A"之间，选择"对齐"为"终点切入"，如图 2-16 所示。

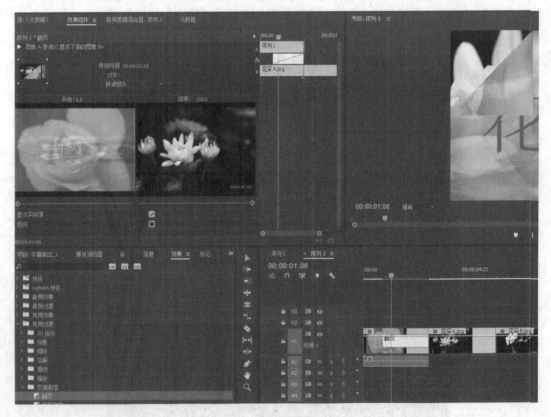

图 2-16　设置"翻页"过渡

2）在序列上，单击"翻页"过渡，打开"效果控件"窗口，选择"对齐"为"中心切入"，如图 2-17 所示。

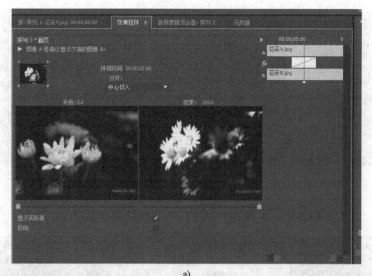

a)

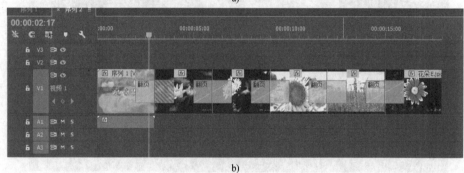

b)

图 2-17　选择过渡对齐方式

a) 选择"对齐"方式　b) 效果显示

3）"翻页"过渡方式的预览效果如图 2-18 所示。

图 2-18　"翻页"过渡效果预览

4）在"效果"窗口中，选择"视频过渡"→"页面剥落"→"翻页"，分别将其拖至"视频 1"轨道中其他素材之间，创建"翻页"过渡效果，如图 2-19 所示。

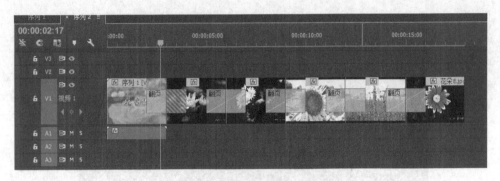

图 2-19　添加"翻页"过渡

5）"翻页"过渡效果如图 2-20 所示。

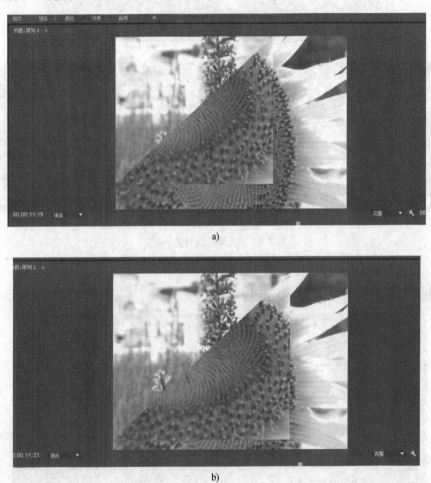

a)

b)

图 2-20　"翻页"过渡效果

5. 导出视频文件

选择菜单命令"文件"→"导出"→"媒体"，在"导出设置"中，选择"格式"为"AVI"，在"输出名称"文本框中输入"画册翻页过渡效果.avi"，单击"导出"按钮，导出编辑好的视频文件。

2.4　制作自定义过渡效果

目标

掌握渐变擦除过渡效果的自定义。

步骤

1）新建项目，导入素材。

2）在"效果控件"窗口中进行设置。

3）导出视频文件。

应用案例

1. 新建项目，导入素材

1）打开 Premiere 软件，选择菜单命令"文件"→"新建"→"项目"，新建项目文件，名称为"自定义过渡"，如图 2-21 所示。

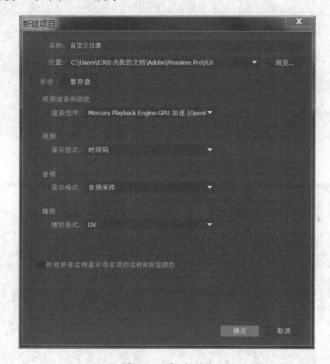

图 2-21　新建项目

2）选择菜单命令"编辑"→"首选项"→"常规"，在"节目"窗口中将"视频过渡默认持续时间"设置为 25 帧，将"静止图像默认持续时间"设置为 3 秒，完成后单击"确定"按钮，如图 2-22 所示。

3）选择菜单命令"文件"→"导入"，选择"素材文件\教材-素材\实例 07"，打开文件夹，导入"西式建筑 1"～"西式建筑 4" 4 个图片素材，如图 2-23 所示。

2. 制作自定义过渡

1）在"项目"窗口中将"西式建筑 1"～"西式建筑 4" 4 个图片素材拖至序列的"视频

1"轨道中。

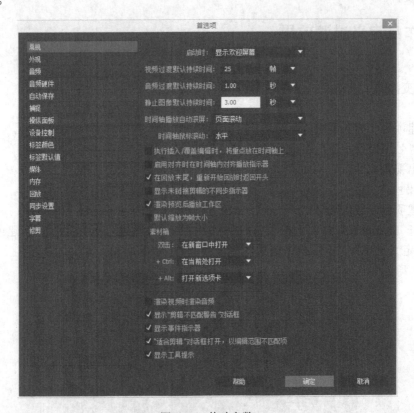

图 2-22 修改参数

图 2-23 导入素材

2）打开"效果"窗口，选择"视频过渡"→"擦除"→"渐变擦除"命令，将其拖至序列上"西式建筑 1"和"西式建筑 2"的剪切点位置，添加对齐方式为"中心切入"的过渡，如图 2-24 所示。

3）在弹出的"渐变擦除设置"对话框中，单击"选择图像"按钮，弹出"打开"对话框，选择"灰度图 1"，如图 2-25 所示。

图 2-24　添加"渐变擦除"过渡效果

图 2-25　"渐变擦除设置"对话框

4）预览过渡效果，如图 2-26 所示。

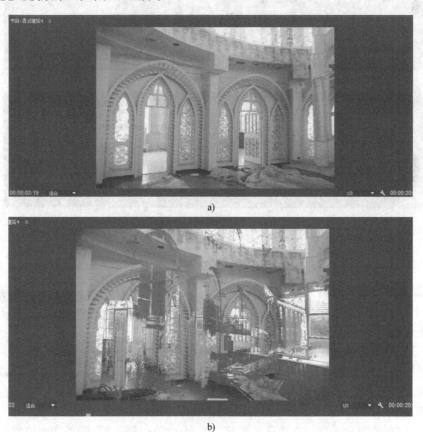

a)

b)

图 2-26　"渐变擦除"过渡效果

c)

图 2-26 "渐变擦除"过渡效果（续）

在序列中，选中"渐变擦除"过渡，单击"效果控件"窗口中的"自定义"，在"渐变擦除设置"对话框中，将原来默认值为 10 的"柔和度"设为 0，查看过渡效果。然后再将"柔和度"设为 127，查看过渡效果。"柔和度"数值越大越模糊，如图 2-27 所示。

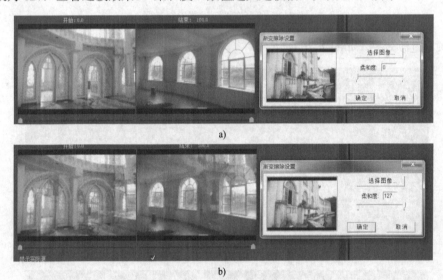

a)

b)

图 2-27 设置"柔和度"

a) "柔和度"为 0　b) "柔和度"为 127

3．添加其他自定义效果

1）打开"效果"窗口，选择"视频过渡"→"擦除"→"渐变擦除"，将其拖至序列上"西式建筑 2"至"西式建筑 3"的剪切点位置，添加以剪切点居中对齐的过渡。在弹出的"渐变擦除设置"对话框中单击"选择图像"按钮，弹出"打开"对话框，选择"灰度图 2"，如图 2-28 所示。

图 2-28　选择"灰度图 2"

2）按照同样的操作过程，在"西式建筑 3"至"西式建筑 4"的剪切点位置添加对齐方式为"中心切入"的过渡，如图 2-29 所示。

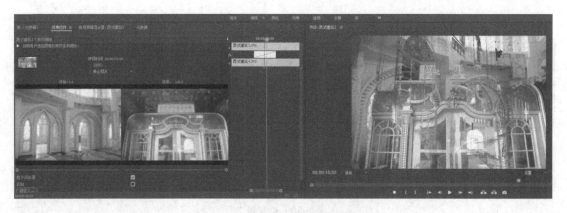

图 2-29　第三个灰度图的过渡效果

4．导出视频文件

选择菜单命令"文件"→"导出"→"媒体"，在"导出设置"中，选择"格式"为"AVI"，在"输出名称"文本框中输入"自定义过渡.avi"，单击"导出"按钮，导出编辑好的视频文件。

2.5　制作擦除过渡效果

目标

在素材上添加擦除效果，使画面有划入划出的效果。

步骤

1）新建项目，导入素材。

2）添加素材到序列。

3）添加擦除过渡效果。

4）导出视频文件。

应用案例

1．新建项目，导入素材

1）打开 Premiere 软件，选择菜单命令"文件"→"新建"→"项目"，新建项目文件，名称为"擦除过渡效果"。

2）选择菜单命令"编辑"→"首选项"→"常规"，在"书目"窗口中将"视频过渡默认持续时间"设置为 50 帧，将"静止图像默认持续时间"设置为 5 秒，然后单击"确定"按钮。

3）选择菜单命令"文件"→"导入"，选择"素材文件\教材-素材\实例 08"，打开文件夹，导入图片"路 1"～"路 5"和"长背景"，可以看出这些素材的默认长度均为 5 秒。"路 1"～"路 5"是 5 张路的图片，"长背景"是长为 3264 像素，宽为 4928 像素的图片，如图 2-30 所示。

2．添加素材到序列

1）按顺序依次选择"路 1"～"路 5"并拖至序列的视频 2 轨道中。

2）为了方便为每张路的图片添加"带状擦除"过渡效果，将"路 2"和"路 4"，在原时间的位置向上拖至"视频 3"轨道中。

图 2-30　长背景

3）选择"长背景"图片并拖至"视频 1"轨道中，将其长度调整至与"视频 2"相等，如图 2-31 所示。

图 2-31　放置素材

3. 设置图片素材

1）选择序列上的"路 1"，在"效果控件"→"运动"→"缩放"中将其比例设为 50%，效果如图 2-32 所示。

图 2-32　设置图片尺寸

2）选择"路 1"的运动，按〈Ctrl+C〉键复制，在序列中选择"路 2"～"路 5"，按

〈Ctrl+V〉键粘贴，使这几张图片的比例均被改为50%，将这些图片做成画中画效果。

3）选择"长背景"图片，将时间移到第0秒，单击打开"位置"动画开关，添加动画关键帧，将位置设置为（1071.0，1161.8），如图2-33a所示。再将时间移至第24秒24帧，将位置设置为（2454.5，1161.8），形成平移的动画效果，如图2-33b所示。

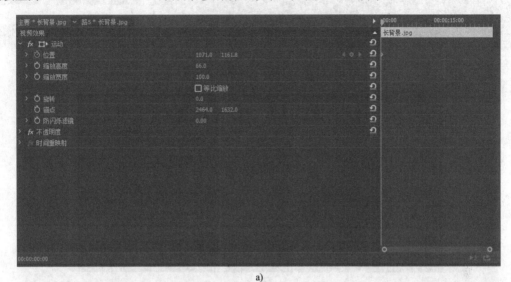

图2-33　设置平移动画

4. 添加擦除过渡效果

1）打开"效果"窗口，选择"视频过渡"→"擦除"→"带状擦除"过渡，将其拖至序列上"路1"的入点位置，如图2-34所示。

2）预览"带状擦除"过渡效果，如图2-35所示。

3）选择"双侧平推门"效果并将其拖至"路1"的出点位置，如图2-36所示。

图2-34　添加"带状擦除"过渡

a)

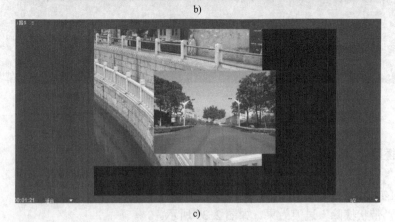

b)

c)

图2-35　"带状擦除"过渡效果（划入）

图 2-36 添加"双侧平推门"过渡

4）预览"双侧平推门"划出效果，如图 2-37 所示。

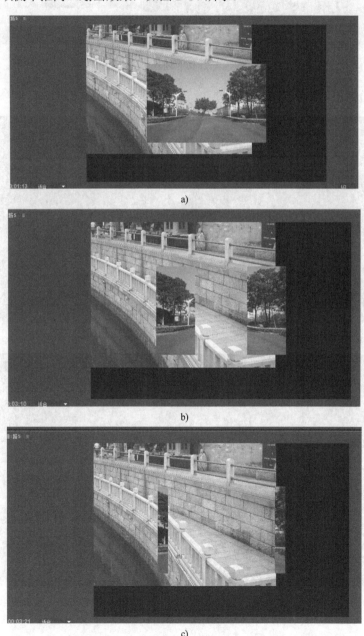

a)

b)

c)

图 2-37 "双侧平推门"过渡效果（划出）

5）按照类似的操作，为"路 2"～"路 5"添加划入和划出效果。为"路 2"添加"划出"划入、"棋盘"划出；为"路 3"添加"风车"划入、"随机块"划出；为"路 4"添加"随机擦除"划入、"螺旋框"划出；为"路 5"添加"百叶窗"划入、"径向擦除"划出，如图 2-38 所示。

图 2-38　添加其他划入划出效果

6）预览部分效果，如图 2-39 所示。

a)

b)

图 2-39　过渡效果展示

a) 划出　b) 棋盘

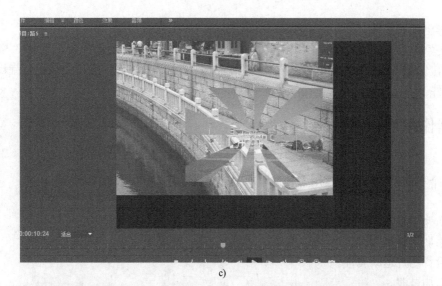

c)

d)

e)

图 2-39　过渡效果展示（续）

c) 风车　d) 百叶窗　e) 随机块

5. 导出视频文件

选择菜单命令"文件"→"导出"→"媒体",在"导出设置"中,选择"格式"为"AVI",在"输出名称"文本框中输入"擦除过渡效果.avi",单击"导出"按钮,导出编辑好的视频文件。

2.6 制作多层过渡效果

目标

在多个不同视频轨道上运用多种过渡,丰富过渡效果。

步骤

1)新建项目,导入素材。

2)添加素材到序列。

3)设置图片运动属性。

4)添加过渡。

5)导出视频文件。

应用案例

1. 新建项目,导入素材

1)选择菜单命令"文件"→"新建"→"项目",新建项目文件,名称为"多层过渡效果"。

2)选择菜单命令"编辑"→"首选项"→"常规",将"视频过渡默认持续时间"设置为 50 帧,将"静止图像默认持续时间"设置为 4 秒,完成后单击"确定"按钮。

3)选择菜单命令"文件"→"导入",选择"素材文件\教材-素材\实例 09",打开文件夹,导入"小物品 1"~"小物品 15"和"小物品.prtl",可以看出这些素材的长度均为 4 秒。"小物品 1"~"小物品 15"是 15 张色彩绚丽的图片,"小物品"是字幕文件,部分素材如图 2-40 所示。

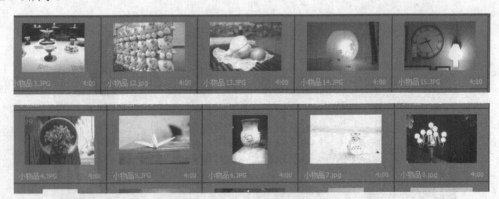

图 2-40 部分素材

2. 添加素材到序列

1)依次选择"小物品 1"~"小物品 5"5 张图片,将其拖至序列中的"视频 1"轨道中。

2)依次选择"小物品 6"~"小物品 10"5 张图片,将其拖至序列中的"视频 2"轨道中。

3）同样地，将"小物品11"~"小物品15"5张图片拖至序列中的"视频3"轨道中。

4）最后将"小物品"字幕文件拖至序列中"视频3"轨道的上方，会自动添加一个轨道"视频4"，如图2-41所示。

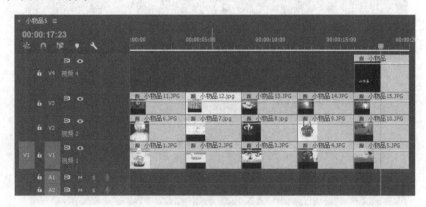

图2-41　放置素材

3．设置图片运动属性

1）选择"视频3"轨道中的"小物品11"，将其尺寸比例设为25%，根据图片大小灵活设置其位置，这里将其位置设置为（160，288）。对该轨道其他图片进行相同的设置，如图2-42所示。

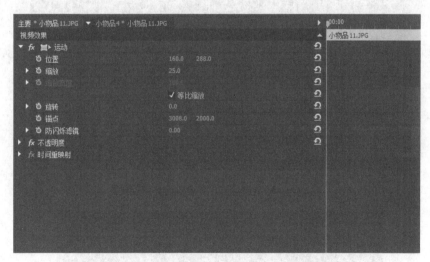

图2-42　修改"视频3"素材尺寸和位置

2）选择"视频2"轨道中的"小物品6"，将其尺寸比例设为25%，位置设置为（360，288）。对该轨道其他图片进行相同的设置，如图2-43所示。

3）选择"视频1"轨道中的"小物品1"，将其尺寸比例设为25%，位置设置为（560，288）。对该轨道其他图片进行相同的设置，如图2-44所示。

4．添加过渡

1）打开"效果"窗口，展开"视频过渡"节点下的"滑动"过渡效果，将"带状滑动"拖至"视频3"轨道中"小物品11"的入点位置，如图2-45所示。

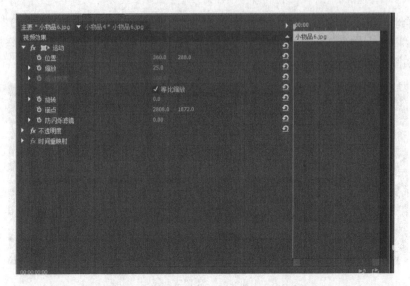

图 2-43　修改"视频 2"素材尺寸和位置

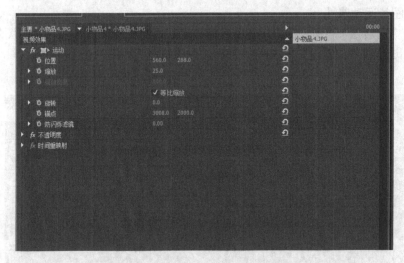

图 2-44　设置"视频 1"素材尺寸和位置

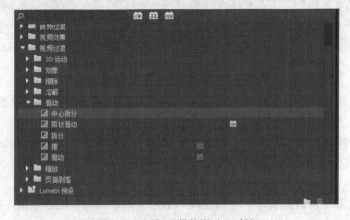

图 2-45　添加"带状滑动"过渡

2）拖动"滑动"下的"拆分"到视频 2 轨道中"小物品 6"的入点位置。

3）拖动"滑动"下的"滑动"到视频 1 轨道中"小物品 1"的入点位置。

4）预览第 3 秒 21 帧处的滑动过渡效果，如图 2-46 所示。

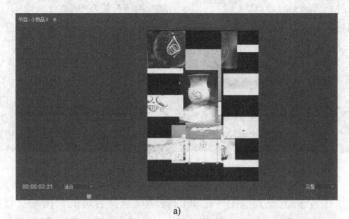

a)

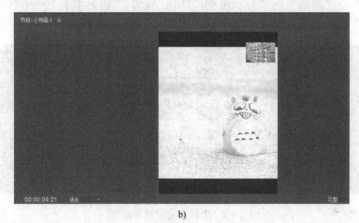

b)

图 2-46　滑动过渡效果

5）在"效果"窗口选择"视频过渡"→"滑动"→"中心拆分"，将其拖至序列上"视频 3"轨道中的"小物品 11"和"小物品 12"的剪切点位置，并将对齐方式设置为"起点切入"，然后为其他轨道图片进行剪切点过渡效果设置，如图 2-47 所示。

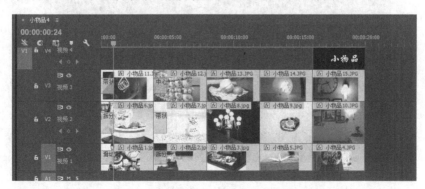

图 2-47　添加"中心拆分"过渡

6）预览第 4 秒处的过渡效果，如图 2-48 所示。

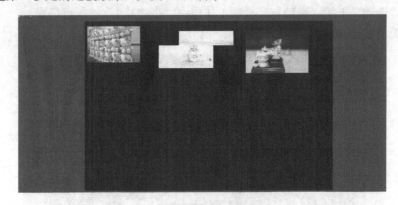

图 2-48　第 4 秒处的过渡效果

7）同样地，为 3 个轨道中其他图片之间的剪切点选择合适的"滑动"过渡效果。最后，选择"视频过渡"→"滑动"→"带状滑动""中心滑动""折分滑动"等多种滑动效果，将其添加到"小物品"的入点处，为文字添加划入过渡，如图 2-49 所示。

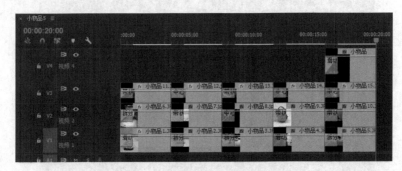

图 2-49　添加其他位置的过渡

8）预览其他的过渡效果，如图 2-50 所示。

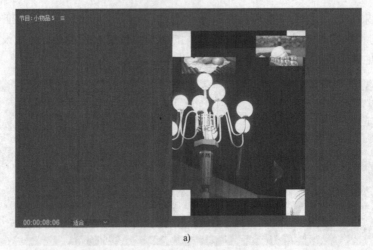

a)

图 2-50　其他的过渡效果

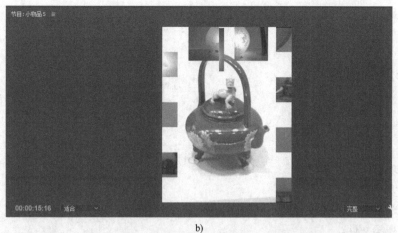

b)

c)

d)

图2-50 其他的过渡效果（续）

5. 导出视频文件

选择菜单命令"文件"→"导出"→"媒体"，在"导出设置"中，选择"格式"为

"AVI"，在"输出名称"文本框中输入"多层过渡效果.avi"，单击"导出"按钮，导出编辑好的视频文件。

2.7　制作序列嵌套

目标

将不同的序列进行相互嵌套。

步骤

1）新建项目，导入素材。

2）建立多个序列。

3）将一个或多个序列放置到不同的序列中进行序列嵌套。

4）导出视频文件。

应用案例

1. 新建项目，导入素材

1）选择菜单命令"文件"→"新建"→"项目"，新建项目文件，名称为"序列嵌套"。

2）在"项目"窗口中新建两个素材箱，存放两批图片素材。单击"项目"窗口下方的■按钮，新建素材箱1、素材箱2，如图2-51所示，用于导入两批图片素材，第一批图片时长均为10帧，第二批图片时长均为1秒。

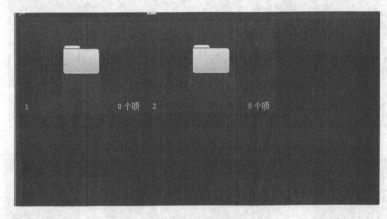

图2-51　新建素材箱

3）选中素材箱1，单击名称，重新命名为"1"，同样将素材箱2重命名为"2"。双击"1"素材箱，打开空的素材箱。

4）选择菜单命令"编辑"→"首选项"→"常规"，将"视频过渡默认持续时间"设置为10帧，将"静止图像默认持续时间"设置为10帧，完成后单击"确定"按钮，如图2-52所示。

5）选择菜单命令"文件"→"导入"，选择"素材文件\教材-素材\实例10"，打开文件夹，选择花朵素材"花朵A"～"花朵F"共6个图片文件，将这些素材文件导入到"项目"窗口，即"1"素材箱中。

6）选择菜单命令"编辑"→"首选项"→"常规"，将"静止图像默认持续时间"设置为1秒，完成后单击"确定"按钮。

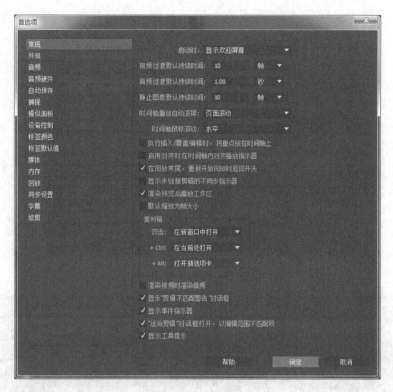

图 2-52　修改参数

7）选择菜单命令"文件"→"导入"，选择"素材文件\教材-素材\实例 10"，打开文件夹，选择小物品素材"小物品 1"～"小物品 6"，将这些素材文件导入到"项目"窗口，即"2"素材箱中，如图 2-53 所示。

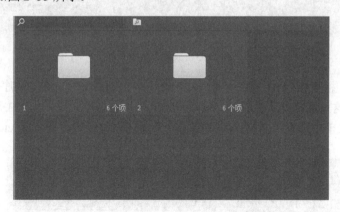

图 2-53　导入素材

2. 编辑序列

从"项目"窗口中选择"1"文件夹，将其拖至序列 01 中，如图 2-54 所示。

1）单击"项目"窗口下方的 ■，在弹出的菜单中选择"序列"，打开"新建序列"窗口，新建序列 02、序列 03。

2）从"项目"窗口中选择"2"文件夹，将其拖至序列 02 中，如图 2-55 所示。

图 2-54　放置 10 帧图片

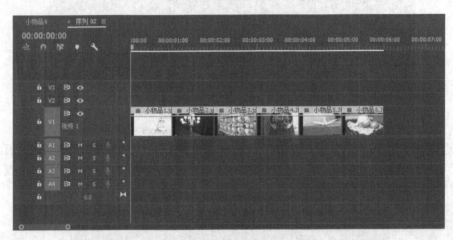

图 2-55　放置 1 秒图片

3）将序列 01 拖至序列 03 中的"视频 1"轨道中，则原来没有音频的序列 03，出现了带音频的序列 01，这是系统自动生成的。删除音频轨道不会影响效果，先选中序列 01，然后右击在弹出的快捷菜单中选择"素材/取消链接"，分离视频和音频，按〈Delete〉键删除音频，如图 2-56 所示。

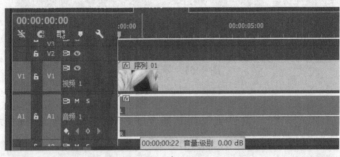

a)

图 2-56　放置序列 01 并删除音频部分

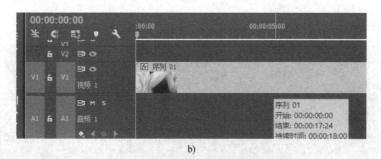

b)

图 2-56　放置序列 01 并删除音频部分（续）

4）进行轨道复制操作。先选择序列 03 "视频 1" 轨道中序列 01，按〈Ctrl+C〉键复制，然后取消 "视频 1" 轨道最左侧高亮显示状态，再单击 "视频 2" 轨道最左侧成 V1 状，然后按〈Ctrl+V〉键粘贴，将序列 01 复制到 "视频 2" 轨道中。单击 "视频 3" 轨道最左侧成 V1 状，将 "序列 01" 复制到 "视频 3" 轨道中，如图 2-57 所示。

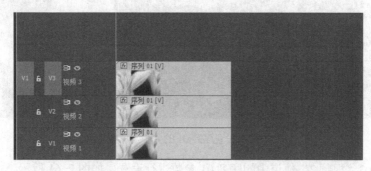

图 2-57　复制序列 01

5）将序列 02 拖至序列 03 "视频 3" 轨道上方的空白处，系统自动添加 "视频 4" 轨道放置序列 02，该序列自带音频序列 02。选中序列 02 再右击在弹出的快捷菜单中选择 "素材/取消链接"，分离视频和音频后，删除音频，如图 2-58 所示。

图 2-58　放置序列 02 并删除其音频部分

6）对序列 03 的 4 个视频轨道画面的 "运动" 属性进行设置。选择序列上的序列 02，在 "效果控件"→"运动"→"缩放" 中将其比例设为 60%，位置设为（237，273），居中显示图片, 如图 2-59 所示。

图 2-59　设置序列 02 的大小和位置

7）对序列 01 的"运动"属性进行设置。选择序列 03"视频 3"轨道中的序列 01，在"效果控件"→"运动"中，取消选择"等比"缩放。设置效果如图 2-60 所示。

图 2-60　设置序列 01 的大小与位置 1

8）对序列 03"视频 2"轨道中的序列 01 参数进行设置，如图 2-61 所示。

图 2-61　设置序列 01 的大小与位置 2

9）对序列 03"视频 1"轨道中的序列 01 参数进行设置，如图 2-62 所示。

图 2-62　设置序列 01 的大小和位置 3

10）预览效果，如图 2-63 所示。

a)

b)

c)

图 2-63　最终效果

3．导出视频文件

选择菜单命令"文件"→"导出"→"媒体"，在"导出设置"中，选择"格式"为"AVI"，在"输出名称"文本框中输入"序列嵌套.avi"，单击"导出"按钮，导出编辑好的视频文件。

2.8　制作卷轴画效果

目标

掌握卷轴画效果，使用"卷走"过渡效果来展示一幅画，使画面慢慢打开。

步骤

使用 Premiere 软件完成以下操作。

1）新建项目，导入素材。

2）制作卷轴画过渡。

3）导出视频文件。

应用案例

1．新建项目，导入素材

1）选择菜单命令"文件"→"新建"→"项目"，新建项目文件，名称为"卷轴画"。

2）选择菜单命令"编辑"→"首选项"→"常规"，将"视频过渡默认持续时间"设置为 50 帧，将"静止图像默认持续时间"设置为 5 秒，完成后单击"确定"按钮。

3）选择菜单命令"文件"→"导入"，选择"素材文件\教材-素材\实例 11"，打开文件夹，导入"晚霞"，如图 2-64 所示。

2．制作卷轴画过渡

1）在"项目"窗口中单击■，选择"颜色遮罩"，使用默认值，确定后打开"拾色器"对话框，如图 2-65 所示。将 RGB 设为浅色，单击"确定"按钮，新建"浅色遮罩"。

图 2-64　查看素材　　　　　　　　　　　　　　　图 2-65　浅色遮罩

2）用同样的操作方法在"项目"窗口新建"灰色遮罩"，如图 2-66 所示。

3）将"灰色遮罩"拖至"视频 1"轨道中，将"晚霞"拖至"视频 2"轨道中，将"灰色遮罩"的长度调整至与"晚霞"相同，如图 2-67 所示。

4）打开"效果"窗口，选择"效果"→"滑动"→"推"，拖至序列上"晚霞"的入点位置，如图 2-68 所示。

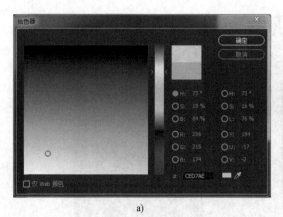
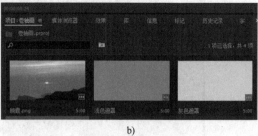

a)   b)

图 2-66 灰色遮罩

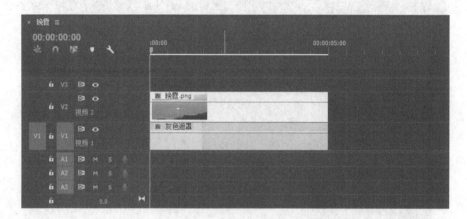

图 2-67 修改视频

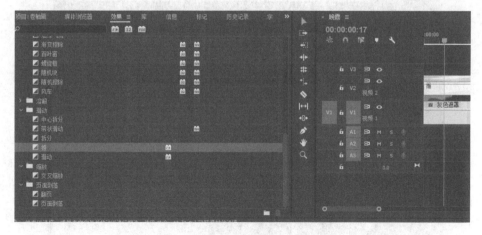

图 2-68 添加"推"过渡

5）在序列中选中"推"过渡效果，修改持续时间为 4 秒，如图 2-69 所示。

6）预览过渡效果，如图 2-70 所示。

7）将"浅色遮罩"拖至序列的"视频 3"轨道中，如图 2-71 所示。

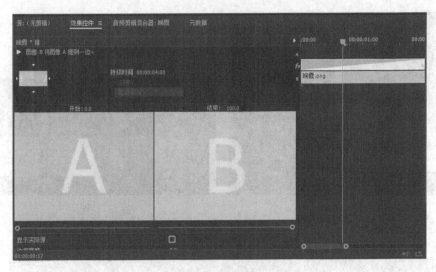

图 2-69 设置"推"过渡长度

a)

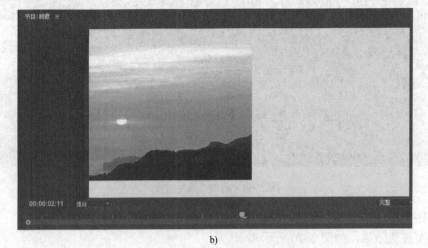

b)

图 2-70 "推"过渡效果

c)

图 2-70 "推"过渡效果（续）

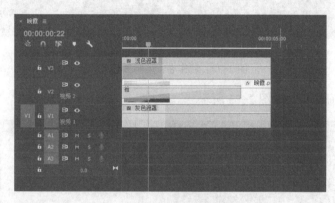

图 2-71 添加"浅色遮罩"

8）在序列中选中"浅色遮罩"，取消选择"等比缩放"复选框，设置"缩放高度"为82%，"缩放宽度"为2%。

9）在第 0 秒打开"位置"前面的开关，添加动画关键帧，设置为（0，1023.5）。将时间移第4秒，设置位置为（4032，1023.5），如图2-72所示。

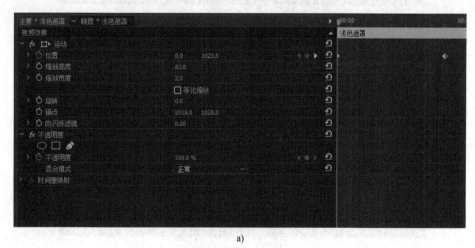

a)

图 2-72 制作卷轴动画

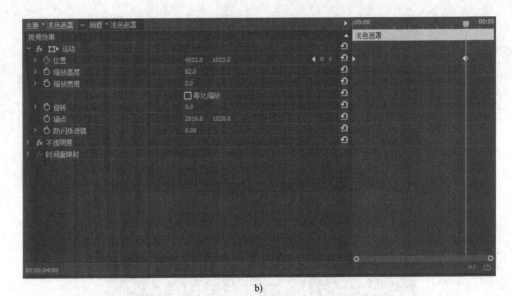

图 2-72 制作卷轴动画（续）

10）预览卷轴画效果，如图 2-73 所示。

a)

b)

图 2-73 卷轴画效果

3．导出视频文件

选择菜单命令"文件"→"导出"→"媒体"，在"导出设置"中，选择"格式"为"AVI"，在"输出名称"文本框中输入"卷轴画.avi"，单击"导出"按钮，导出编辑好的视频文件。

2.9　思考与练习

1．思考题

画册翻页、自定义过渡、划入划出、多层过渡、序列嵌套和卷轴画分别适用于哪些素材？这6种效果分别有哪些参数设置？

2．练习题

1）新建项目文件，命名为"简单过渡"，导入 4 个图片素材"雕像""树木""钟楼"和"小径"，使用本章的相关方法进行剪辑，添加简单过渡效果，做成新视频。

2）新建项目文件，命名为"画册翻页"，导入 7 个图片素材"黑天鹅""教学区""实验楼""体育馆""图书馆""游泳池"和"雨心湖"，使用本章的相关方法进行剪辑，添加翻页效果，做成新视频。

3）新建项目文件，命名为"自定义切换"，导入 4 个图片素材"花儿1""花儿2""花儿3"和"花儿4"，使用本章的相关方法进行剪辑，添加自定义切换效果，做成新视频。

4）新建项目文件，命名为"切入切出效果"，导入 6 个图片素材"花儿1""花儿2""花儿3""花儿4""花儿5"和"长背景"，使用本章的相关方法进行剪辑，分别添加切入和切出效果，做成新视频。

5）新建项目文件，命名为"多层切换效果"，导入 15 个图片素材，分别是 15 张风景图片，使用本章的相关方法进行剪辑，分别添加多种切换效果，做成效果更佳的新视频。

6）新建项目文件，命名为"序列嵌套"，导入 12 个图片素材，分别是 6 张风景图片和 6 张饰品图片，使用本章的相关方法进行剪辑，分别建立两个序列，再进行序列嵌套，做成新视频。

7）新建项目文件，命名为"卷轴画"，导入 1 个图片素材"宁静-宽幅"，使用本章的相关方法进行剪辑，添加过渡效果，做成新视频。

第3章　视频效果设计

在影片或电视节目制作中，为追求特定的效果，经常会出现人物变形、飞车、爆炸等实际生活中无法实现的特效镜头。Premiere Pro CC 软件包含大量的效果功能，正确使用效果组合，能够使视频作品呈现出异彩纷呈的画面，在一定程度上更好地诠释作品的故事内容。通过本章的学习，能够掌握基本的效果添加、参数修改、多效果应用等，从而制作出更具吸引力的视频作品。

3.1　视频效果设计概述

视频效果

视频效果是指应用在视频中的各种特效，Adobe Premiere 提供了大量的视频效果供使用者选择。由于一手的、原始的视频素材是没有添加任何成分的，可能会比较单调，视频效果的使用可以使视频更加丰富多彩。

应用领域

视频效果的应用是非常广泛的，整个视频的任何位置都可以进行添加，只要符合视频场景或氛围等。添加视频效果之后可以更加突出相应的视频内容，即产生一定的强调、突出作用。

应用原则

本章以案例讲解新建项目文件、导入素材、为素材添加不同的视频效果等基本操作，在序列中对视频做适当的编辑，设置视频效果的参数，对界面显示进行调整，最后将编辑好的作品以视频文件的形式输出。

3.1.1　相关的基本概念和术语

1）滤镜：通过在场景上使用滤镜可以调整影片的亮度、色彩、对比度等。

2）重复画面：重复画面是指在视频中，某个画面重复出现，铺满整个屏幕，给人带来一种气势感。

3）颜色过滤：颜色过滤是指通过参数的设置，弱化画面中不重要的部分而强调突出的部分。

4）变形画面：变形画面是指通过对画面的参数设置，对画面进行变形处理，满足画面设计的需要或视频内容呈现的需要。

5）镜像效果：镜像效果类似于日常生活中照镜子产生的效果。

6）局部马赛克：马赛克是处理图片常用的效果，同样也可以运用在视频画面中，使画面呈现模糊效果。

7）无缝转场：通过对不透明度特效的蒙版技术，实现无缝转场效果。

3.1.2　视频效果基本流程

1．添加视频效果

1）浏览 Premiere Pro CC 中的视频效果文件夹。

2）应用视频效果。

3）设置视频效果参数。

2．设置动态效果

1）在 Premiere Pro CC 中共有一百多种视频效果，有些可动态变化的视频效果通过使用关键帧来指示什么时候改变，什么时候不变。

2）Premiere Pro CC 中还有一些没有相关设置的视频效果，例如黑白视频效果，因此这些视频效果就不存在使用关键帧来改变设置的需求。对于这些不能使用关键帧进行设置的视频效果，在实际编辑过程中常常通过过渡来产生随时间变化的效果。

3．删除已经添加的视频效果

1）在序列中选择应用该效果的素材。

2）打开效果控制面板，选择要删除的效果，按下〈Delete〉键即可。

3.2　制作重复画面效果

目标

通过复制视频效果来制作重复画面的效果。

步骤

1）新建项目，导入素材。

2）添加画面重复视频效果。

3）抠除背景。

4）制作框格。

5）添加抠像。

6）导出视频文件。

应用案例

1．新建项目，导入素材

1）选择菜单命令"文件"→"新建"→"项目"，新建项目文件，名称为"重复画面"。

2）选择菜单命令"文件"→"导入"，选择"素材文件\教材–素材\实例 12"，打开文件夹，导入图片文件"乒乓球"和"花丛"，如图 3-1 所示。

图 3-1　导入素材

2．添加画面复制视频效果

1）将"花丛"拖入序列的"视频1"轨道中。

2）将"乒乓球"拖入序列的"视频2"轨道中。

3）在"效果"窗口，选择"视频效果"→"风格化"→"复制"，将其拖入序列中的"乒乓球"上，如图3-2所示。

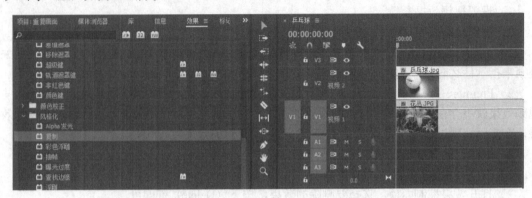

图3-2 添加"复制"效果

4）在"效果控件"窗口中将"复制"→"计数"设置为3，如图3-3所示。

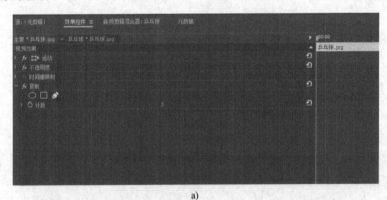

a)

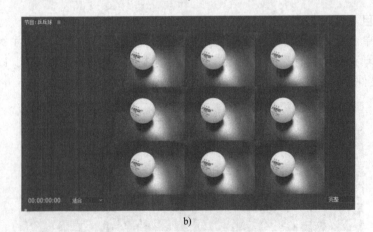

b)

图3-3 设置"复制"效果

3. 抠除背景

1）在"效果"窗口，选择"视频效果"→"键控"→"超级键"，将其拖至序列中的"乒乓球"上，如图3-4所示。

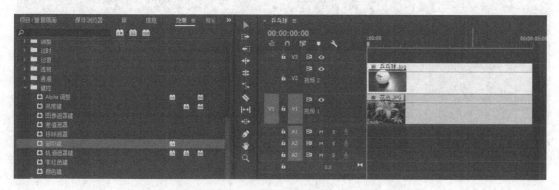

图3-4 添加"超级键"效果

2）在"效果控件"窗口，使用"超级键"节点下的滴管工具，选择背景的蓝色作为抠像的颜色，可以看到"乒乓球"画面中的蓝色背景被抠除，如图3-5所示。

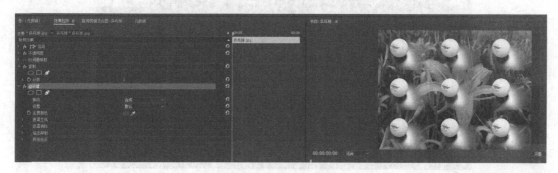

图3-5 "超级键"效果

4. 制作框格

1）在"项目"窗口中单击 **▣**，选择"颜色遮罩"，单击"确定"按钮，创建"颜色遮罩"。

2）将"颜色遮罩"拖至序列中的"视频3"轨道中，如图3-6所示。

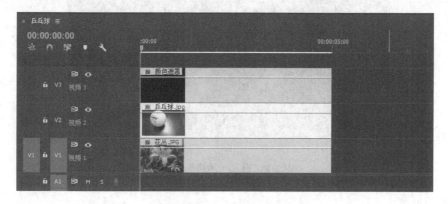

图3-6 添加"颜色遮罩"

3）在"效果"窗口中选择"视频效果"→"生成"→"网格"，将其拖至序列中的"颜色遮罩"上，如图3-7所示。

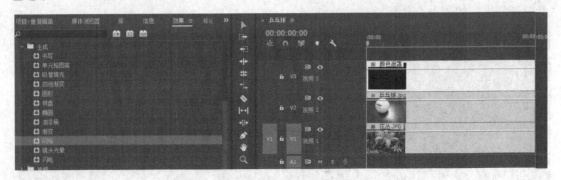

图3-7 添加"网格"效果

4）在"效果控件"窗口中设置网格，如图3-8所示。

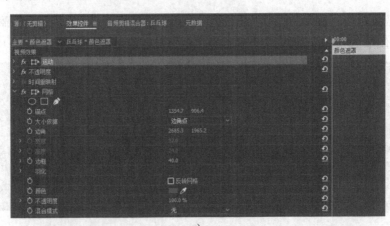

a)

b)

图3-8 设置"网格"效果

5. 添加抠像

1）将"乒乓球"拖至序列中"视频3"轨道上方的空白处，会自动增加一个"视频4"

轨道，以放置"乒乓球"，如图3-9所示。

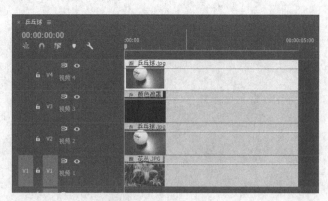

图3-9　添加素材

2）在"效果"窗口，选择"视频效果"→"键控"→"超级键"，将其拖至序列中的"乒乓球"上，如图3-10所示。

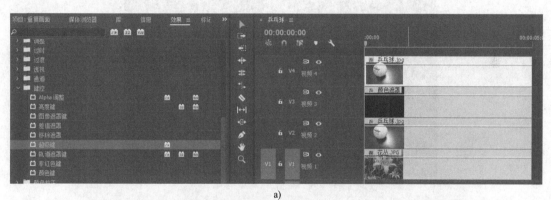

a)

b)

图3-10　添加"超级键"效果

3）可以看到前景中透有背景上的乒乓球图案，而且前景图案的阴影遮盖了背景图。因此，还需修改"超级键"效果的参数（见图3-11a），修改后的效果如图3-11b所示。

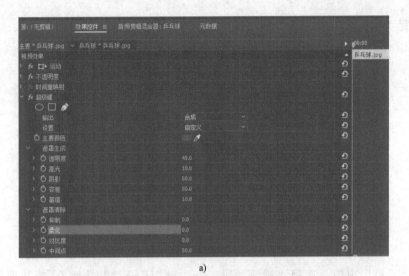

a)

b)

图 3-11　修改"超级键"效果的参数

6. 导出视频文件

选择菜单命令"文件"→"导出"→"媒体"，在"导出设置"中，选择"格式"为"AVI"，在"输出名称"文本框中输入"重复画面.avi"，单击"导出"按钮，导出编辑好的视频文件。

3.3　制作颜色过滤效果

目标

掌握颜色效果的使用，通过对比色彩方面多种不同颜色效果来实现对画面的颜色调整。

步骤

使用 Premiere 软件完成以下操作。

1）新建项目，导入素材。

2）应用"颜色过滤"效果。

3）导出视频文件。

应用案例

1. 新建项目，导入素材

1）选择菜单命令"文件"→"新建"→"项目"，新建项目文件，名称为"颜色过滤"。

2）选择菜单命令"文件"→"导入"，选择"素材文件\教材-素材\实例 13"，打开文件夹，导入"黄色花"图片文件。

2. 应用"颜色过滤"效果

1）从"项目"窗口中选择"黄色花"，将其拖至序列中。

2）打开"效果"窗口，单击"视频效果"→"图像控制"→"颜色过滤"，将其拖至序列的图片素材上，如图 3-12 所示。

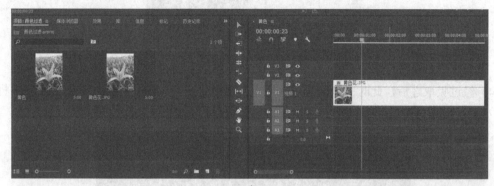

a)

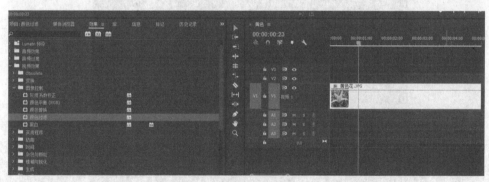

b)

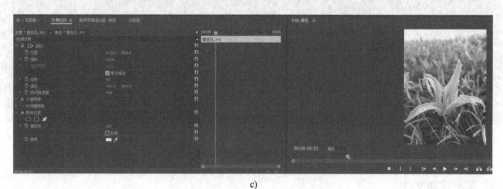

c)

图 3-12 添加"颜色过滤"效果

3）单击"颜色过滤"后的 ，在其左侧窗口的黄色花上单击"吸取"颜色，这里吸取的颜色值为 RGB（206,9,9）。可以进行多次尝试，直到吸取的颜色最接近图片所需颜色，如图 3-13 所示。

图 3-13　单击吸取颜色

4）经过吸取之后，此时的画面颜色为灰色，需要进一步调整"相似性"的值，这里将其设置为 25，以重点显出鲜花的黄色，而其他内容仍保持为灰色，如图 3-14 所示。

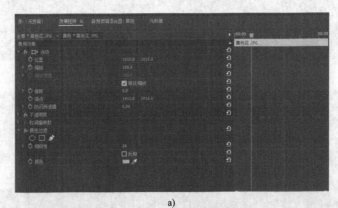

a)

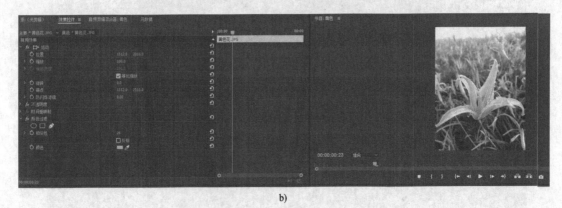

b)

图 3-14　调整相似性的值

3. 导出视频文件

选择菜单命令"文件"→"导出"→"媒体"，在"导出设置"中，选择"格式"为"AVI"，在"输出名称"文本框中输入"颜色过滤.avi"，单击"导出"按钮，导出编辑好的视频文件。最后效果如图 3-15 所示。

图 3-15　最后效果

3.4　制作调色效果

目标

掌握调色效果的使用，通过调色，不仅可以改善画面中有缺陷的颜色，还可以刻意将画面调整为其他的颜色，从形式上更好地配合影片内容的表达。

步骤

使用 Premiere 软件完成以下操作。

1）新建项目，导入素材。

2）应用调色效果。

3）导出视频文件。

应用案例

1. 新建项目，导入素材

1）选择菜单命令"文件"→"新建"→"项目"，新建项目文件，名称为"调色效果"。

2）选择菜单命令"文件"→"导入"，选择"素材文件\教材-素材\实例 14"，打开文件夹，导入"小猫 1"图片文件。

2. 应用调色效果

1）从"项目"窗口中选择"小猫 1"，将其拖至序列中，如图 3-16a 所示。

2）打开"效果"窗口，选择"视频效果"→"颜色校正"→"Lumetri 颜色"，将其拖至序列的图片素材上，如图 3-16b 和图 3-16c 所示。

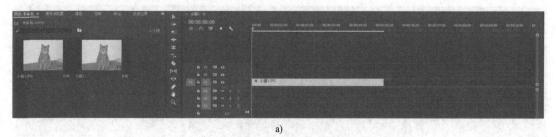

a)

图 3-16　添加素材和效果

a) 添加素材

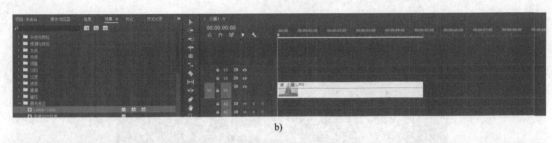

b)

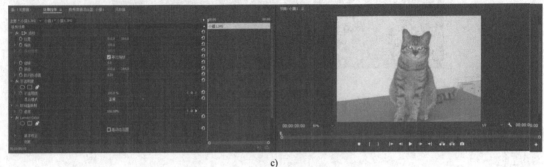

c)

图 3-16 添加素材和效果（续）

b) 添加效果 c) 效果展示

3）单击"Lumetri 颜色"，在"效果控件"→"基本矫正"→"色温"中，调整参数为负数会让图像显得比较白皙，小图中还没有调整参数，如图 3-17 所示。

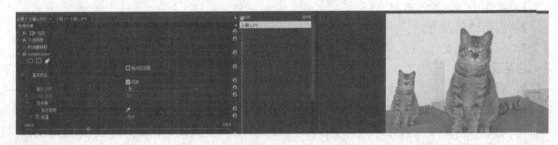

图 3-17 调整"色温"参数

4）在"效果控件"→"基本矫正"→"色彩"中，参数往右边调节会让嘴唇更加红润，小图中还没有调整参数，如图 3-18 所示。其他参数都可以按个人喜好调整，如将"对比度"调高，"高光""阴影"调亮一些等。

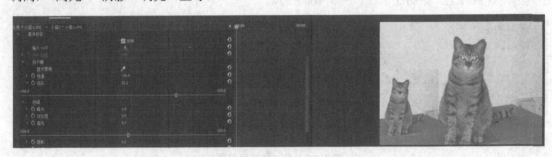

图 3-18 调整"色彩"参数

5）对其他参数进行调整。通过调色，运用各种色彩情感和光影变化进行画面的构思和设计，从画面中感觉到画面外的立意和匠心，如图3-19所示。

图3-19 调整其他参数

3. 导出视频文件

选择菜单命令"文件"→"导出"→"媒体"，在"导出设置"中，选择"格式"为"AVI"，在"输出名称"文本框中输入"调色效果.avi"，单击"导出"按钮，导出编辑好的视频文件。最后效果如图3-20所示。

图3-20 最后效果

3.5 制作变形画面效果

目标

掌握变形效果的使用，对画面进行边角固定视频效果操作。

步骤

使用Premiere软件完成以下操作。

1）新建项目，导入素材。

2）添加素材到序列。

3）应用边角固定效果。

4）应用旋转效果。

5）导出视频文件。

应用案例

1. 新建项目，导入素材

1）选择菜单命令"文件"→"新建"→"项目"，新建项目文件，名称为"变形画面效果"。

2）选择菜单命令"文件"→"导入"，选择"素材文件\教材-素材\实例15"，打开文件夹，导入两个图片文件"屏幕"和"灯展"。

2. 添加素材到序列

1）将"屏幕"拖至"视频1"轨道中。

2）将"灯展"拖至"视频2"轨道中，通过对"效果控件"→"运动"→"缩放"选项的设置，进行缩放和变形，直到图片可以放置到"视频 1"轨道"屏幕"画面中，如图 3-21 所示。

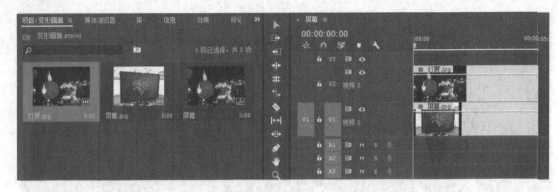

图 3-21　放置素材

3．应用边角固定效果

1）打开"效果"窗口，选择"视频效果"→"扭曲"→"边角定位"，并拖至"视频 2"轨道中的"灯展"图片素材上，如图 3-22 所示。

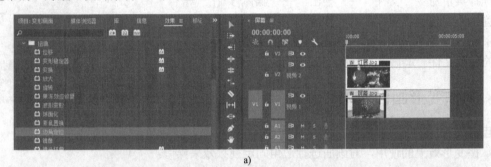

a)

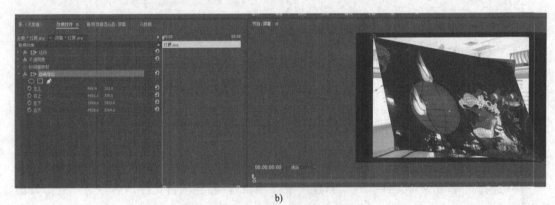

b)

图 3-22　添加"边角定位"效果

2）在"效果控件"窗口中单击"边角定位"后，可以看到 4 个角上的位置坐标点，如图 3-23 所示。

3）拖动 4 个位置点，将"灯展"缩小，并参照下层的"屏幕"中大屏幕的位置，将画面调整至合适的位置，如图 3-24 所示。

图 3-23　查看 4 个角上的位置坐标点

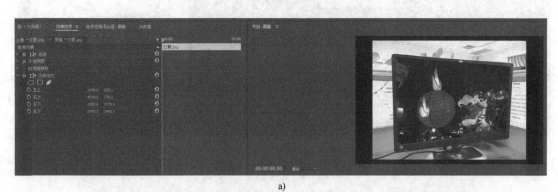

a)

b)

图 3-24　调整画面形状和大小

4．应用旋转效果

1）在"效果"窗口中选择"视频效果"→"扭曲"→"旋转"，并拖至"视频 2"轨道的"灯展"图片素材上，如图 3-25 所示。

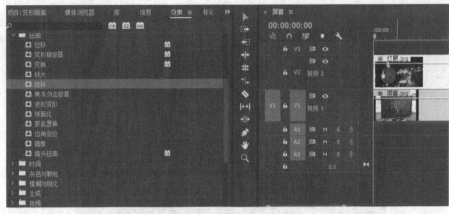

a)

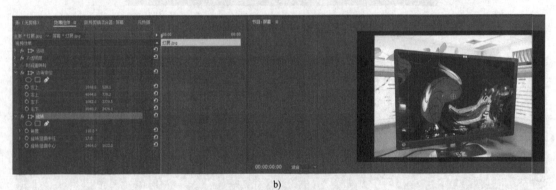

b)

图 3-25 添加"旋转"效果

2）在"效果控件"窗口中单击"旋转"，将其拖至"边角固定"的上方。

3）对"旋转"效果进行设置，如图 3-26 所示。

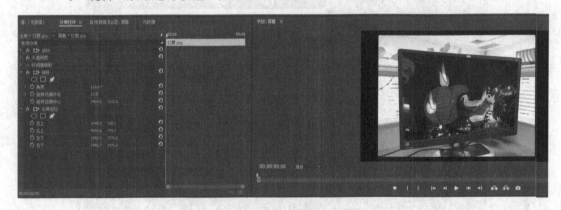

图 3-26 设置"旋转"效果

5. 导出视频文件

选择菜单命令"文件"→"导出"→"媒体"，在"导出设置"中，选择"格式"为"AVI"，在"输出名称"文本框中输入"变形画面效果.avi"，如图 3-27a 所示。单击"导出"按钮，导出编辑好的视频文件。最后效果如图 3-27b 所示。

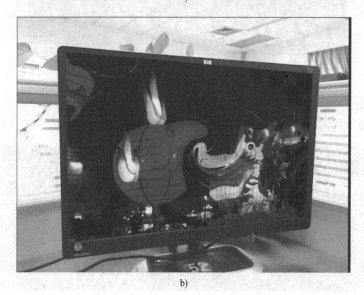

a)

b)

图 3-27　最后效果

3.6　制作镜像效果

目标

运用镜像效果，掌握倒影的制作。

步骤

使用 Premiere 软件完成以下操作。

1）新建项目，导入素材。

2）镜像高楼。

3）添加半透明水面。

4）设置水面亮度。

5）导出视频文件。

应用案例

1．新建项目，导入素材

1）选择菜单命令"文件"→"新建"→"项目"，新建项目文件，名称为"镜像效果"。

2）选择菜单命令"文件"→"导入"，选择"素材文件\教材-素材\实例 16"，打开文件夹，导入两个图片文件"建筑"和"海水"，如图 3-28 所示。

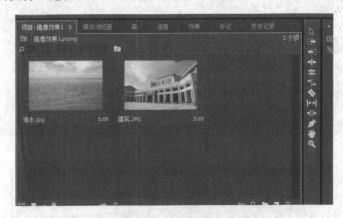

图 3-28　导入素材

2．镜像高楼

1）将"建筑"拖至"视频 1"轨道中，如图 3-29 所示。

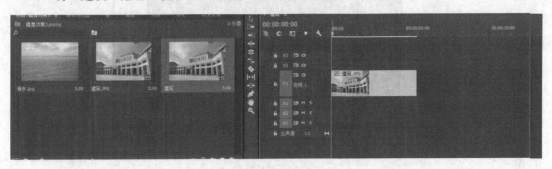

图 3-29　添加素材 1

2）打开"效果"窗口，选择"视频效果"→"扭曲"→"镜像"，并拖至序列中的"建筑"图片素材上，如图 3-30 所示。

3）对"镜像"进行如下设置："反射中心"为（3000，2500），"反射角度"为 90。这样将在距离画面顶部 355 像素的水平线位置对画面进行垂直镜像，如图 3-31 所示。

76

图 3-30 添加"镜像"效果

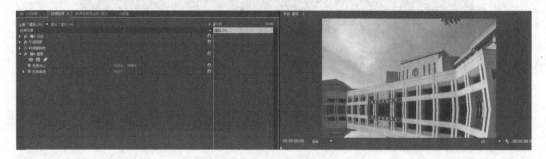

图 3-31 设置"镜像"效果

3. 添加半透明水面

1）将"海水"拖至序列的"视频 2"轨道中，如图 3-32 所示。

图 3-32 添加素材 2

2）打开"效果"窗口，选择"视频效果"→"变换"→"裁剪"，并拖至序列中的"海水"图片素材上，如图 3-33 所示。

图 3-33 添加"裁剪"效果

3）在"效果控件"窗口设置"裁剪"效果，参照下层"建筑"中形成的"镜像"效果。这里根据图片，设置"顶部"为 38%，再将"海水"的"不透明度"设置为 75%，如图 3-34 所示。

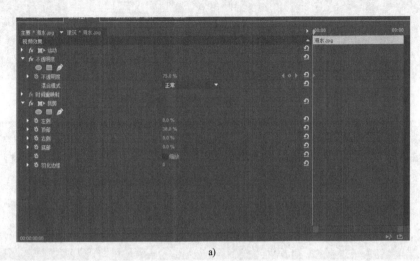

a)

b)

图 3-34　设置"裁剪"效果

4．设置水面亮度

打开"效果"窗口，选择"视频效果"→"调整"→"光照效果"，并将其拖至序列中的"海水"图片素材上。将"光照 1"的"光照类型"设置为"全光源"，"光照颜色"设置为白色，如图 3-35 所示。

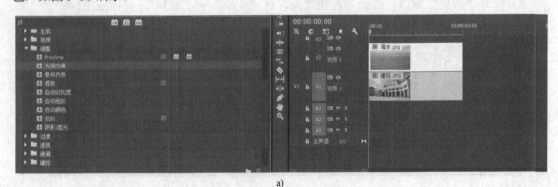

a)

图 3-35　添加并设置"光照效果"

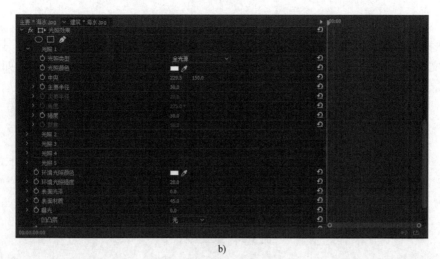

b)

c)

图 3-35　添加并设置"光照效果"（续）

5．导出视频文件

选择菜单命令"文件"→"导出"→"媒体"，在"导出设置"中，选择"格式"为"AVI"，在"输出名称"文本框中输入"镜像效果.avi"，单击"导出"按钮，导出编辑好的视频文件。

3.7　制作局部马赛克效果

目标

掌握马赛克效果的制作。

步骤

使用 Premiere 软件完成以下操作。

1）新建项目，导入素材。

2）设置局部跟踪动画关键帧。

3）设置局部马赛克。

4）导出视频文件。

应用案例

1．新建项目，导入素材

1）选择菜单命令"文件"→"新建"→"项目"，新建项目文件，名称为"局部马赛克效果"。

2）选择菜单命令"文件"→"导入"，选择"素材文件\教材-素材\实例 17"，打开文件夹，导入文件"车行"，并将"车行"分别拖至"视频 1"和"视频 2"轨道中，如图 3~36所示。

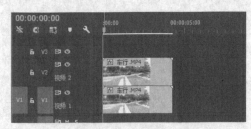

图 3-36　放置素材

2．设置局部跟踪动画关键帧

1）打开"效果"窗口，选择"视频效果"→"变换"→"裁剪"，并拖至"视频 2"轨道上。同时关闭"视频 1"轨道，方便下一步的操作。

2）在第 0 帧处选中"视频 2"轨道中的素材，参照"节目"窗口中车的位置，在"效果控件"窗口对"裁剪"效果进行设置。设置"左侧"为 45%，"顶部"为 48%，"右侧"为37%，"底部"为 36%，如图 3-37 所示。

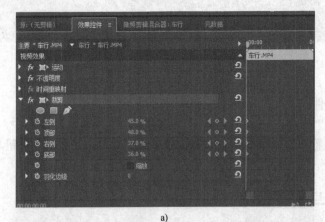

a)

b)

图 3-37　设置第 0 帧关键帧

3）单击"裁剪"节点，使其处于高亮状态。当时间移至第 1 秒时可能会发现车的位置与剪切范围的线框有偏离，此时可以移动鼠标调整线框的位置，使车处于线框内，"裁剪"节点下的参数会自动发生相应的变化，并自动记录动画关键帧，如图 3-38 所示。

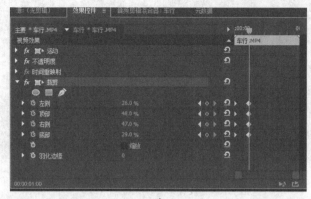

a)

b)

图 3-38　设置第 1 秒关键帧

4）同样地，当时间移至第 2 秒时，继续用鼠标对线框的位置进行调整，使整部车一直处于线框内，如图 3-39 所示。

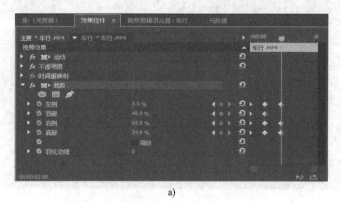

a)

图 3-39　设置第 2 秒关键帧

b)

图 3-39 设置第 2 秒关键帧（续）

3. 设置局部马赛克

1）打开"效果"窗口，选择"视频效果"→"风格化"→"马赛克"，并拖至"视频 2"轨道中的素材上，如图 3-40 所示。

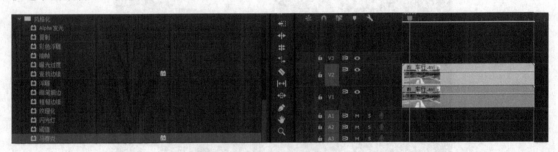

图 3-40 添加"马赛克"效果

2）对马赛克的大小进行设置，设置"水平块"为 50，"垂直块"为 30，如图 3-41 所示。

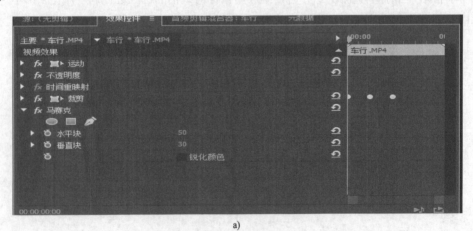

a)

图 3-41 设置"马赛克"效果

b)

图 3-41 设置"马赛克"效果（续）

4．导出视频文件

选择菜单命令"文件"→"导出"→"媒体"，在"导出设置"中，选择"格式"为"AVI"，在"输出名称"文本框中输入"局部马赛克效果.avi"，单击"导出"按钮，导出编辑好的视频文件。

3.8 制作打字效果

目标

掌握打字效果的制作方法。

步骤

使用 Premiere 软件完成以下操作。

1）新建项目。

2）创建文本字幕。

3）掌握两种打字效果制作方法。

应用案例

1．新建项目

选择菜单命令"文件"→"新建"→"项目"，新建项目文件，名称为"打字效果"。

2．创建文本字幕

1）打开文件夹"素材文件\教材-素材\实例 18"中的"大熊猫.txt"文本文件，全选内容并复制。

2）选择菜单命令"文件"→"新建"→"字幕"，打开"新建字幕"对话框，命名为"大熊猫"。

3）单击工具栏中的■工具，在字幕窗口中按住左键拖拽出一个文本框，将文本内容粘贴到文本框里，并设置字体属性，如图 3-42 所示。

3．设置打字效果方法一

1）将"大熊猫"字幕素材拖至序列的"视频 1"轨道中，设置 12 秒的字幕播放长度，如图 3-43 所示。

2）选择"效果"→"视频效果"→"变换"，将"裁剪"拖至"大熊猫"字幕素材上，如图 3-44 所示。

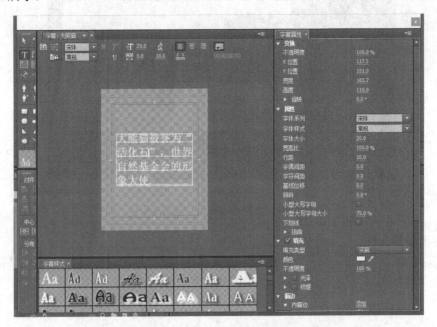

图 3-42 "大熊猫"字幕

图 3-43 设置字幕长度

图 3-44 添加"裁剪"效果

3）选择"效果控件"→"裁剪"，设置"裁剪"属性，使字幕只显示第一行的文字，如

图 3-45 所示。

图 3-45　设置"裁剪"效果

4）选择"效果"→"视频效果"→"变换"，将"裁剪"再次拖至"大熊猫"字幕素材上。将时间移至第 0 帧处，单击"效果控件"，再单击第二个"裁剪"节点前面的图标，添加动画关键帧，设置"裁剪"属性，如图 3-46 所示。

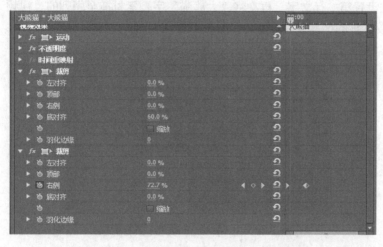

图 3-46　添加第二个"裁剪"效果并设置动画

5）预览动画效果，文字从左到右逐渐出现，如图 3-47 所示。

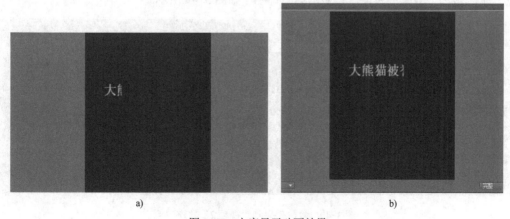

a)　　　　　　　　　　　　　　　　b)

图 3-47　文字显示动画效果

c)

图 3-47　文字显示动画效果（续）

6）接下来设置第二行文字。再次将"大熊猫"字幕素材拖至序列的"视频 2"轨道中，在第 3 秒处设置 9 秒的字幕播放长度，如图 3-48 所示。

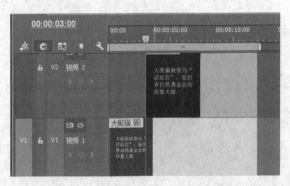

图 3-48　在"视频 2"轨道中放置字幕

7）选择"视频 1"轨道中的字幕，打开"效果控件"窗口，复制两个"裁剪"效果的属性，再选择"视频 2"轨道中的字幕，按〈Ctrl+V〉键粘贴，复制了两个"裁剪"的属性。修改第一个"裁剪"效果的属性，只显示第二行字，如图 3-49 所示。

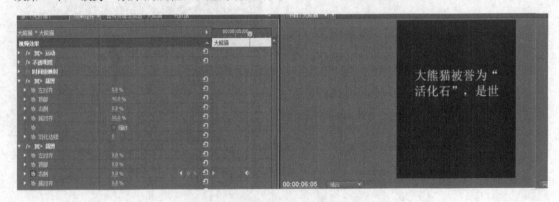

图 3-49　复制效果到"视频 2"轨道中

8）设置第三行字，将"大熊猫"字幕素材拖至"视频 3"轨道中，在第 6 秒处设置 6 秒的字幕播放长度，如图 3-50 所示。

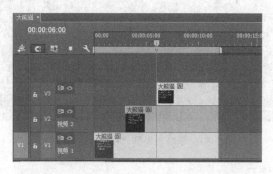

图 3-50　在"视频 3"轨道中放置字幕

9）选择"视频 1"轨道中的字幕，打开"效果控件"窗口，复制两个"裁剪"效果的属性，再选择"视频 3"轨道中的字幕，按〈Ctrl+V〉键粘贴，复制了两个"裁剪"的属性。修改第一个"裁剪"效果的属性，只显示第三行字，如图 3-51 所示。

图 3-51　复制效果到"视频 3"轨道中

10）设置第四行字，将"大熊猫"字幕素材拖至"视频 3"轨道上方的空白处，系统将素材自动添加到"视频 4"轨道中，在第 9 秒处设置 3 秒的字幕播放长度，如图 3-52 所示。

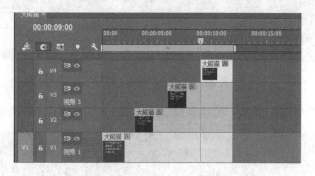

图 3-52　在"视频 4"轨道中放置字幕

11）将"视频 1"轨道中的字幕的两个"裁剪"效果的属性复制并粘贴到"视频 4"轨道中的字幕里。修改第一个"裁剪"效果的属性，只显示第四行字，完成打字效果的制作，如图 3-53 所示。

图 3-53　复制效果到"视频 4"轨道中

4. 设置打字效果方法二

1）选择菜单命令"文件"→"新建"→"序列",新建名为"序列 02"的序列,将"大熊猫"拖至"序列 02"序列的"视频 1"轨道中,设置长度为 3 秒,如图 3-54 所示。

图 3-54　设置字幕长度

2）打开"效果"→"视频效果"→"变换",将"裁剪"拖至"大熊猫"字幕素材上,如图 3-55 所示。

图 3-55　添加"裁剪"效果

3）设置"裁剪"效果的属性,使字幕只显示出第一行,如图 3-56 所示。

图 3-56　"裁剪"效果图

4）再次添加"裁剪"效果到"大熊猫"字幕素材上。将时间移至第 0 帧处，选择"效果控件"→"裁剪"，设置"裁剪"效果的属性；将时间移至第 3 秒处，再次设置"裁剪"效果的属性，实现文字从左到右出现的效果，如图 3-57 所示。

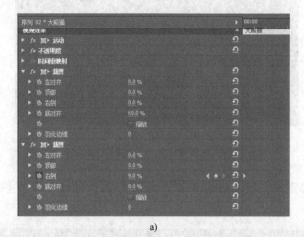

a)

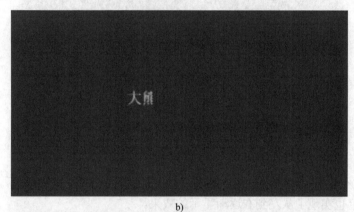

b)

c)

图 3-57　设置第一行文字显示动画

d)

图 3-57　设置第一行文字显示动画（续）

5）复制当前字幕素材，连续粘贴 3 次，分别在第 3 秒处、第 6 秒处、第 9 秒处，如图 3-58 所示。

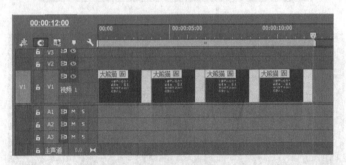

图 3-58　复制字幕素材

6）选中第二个字幕，修改第一个"裁剪"效果的属性，如图 3-59 所示。只显示第二行文字，第二行文字也实现了从左到右逐渐显示的效果。

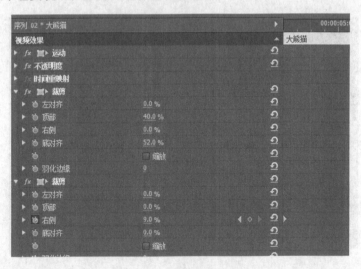

图 3-59　设置第二个字幕

90

7）选择第三个字幕，修改第一个"裁剪"效果的属性，只显示第三行文字，如图 3-60 所示。

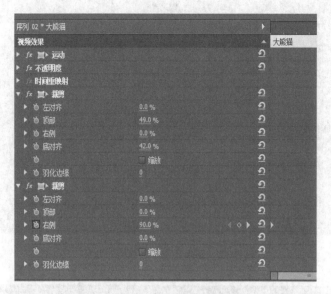

图 3-60　设置第三个字幕

8）选择第四个字幕，修改第一个"裁剪"效果的属性，只显示第四行文字，如图 3-61 所示。

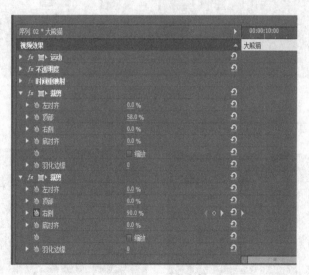

图 3-61　设置第四个字幕

9）单击"视频 2"轨道，取消"视频 1"轨道的选中状态。将时间移至第 3 秒处，将第一个字幕素材复制、粘贴到该位置，然后删除其第二个"裁剪"效果。

10）将"视频 1"轨道中的第三个字幕素材复制并粘贴到"视频 2"轨道的第 6 秒处，然后删除其第二个"剪裁"效果；修改"裁剪"效果的属性，如图 3-62 所示。

11）按照相同步骤，将"视频 1"轨道中的第三个字幕素材复制并粘贴到"视频 2"轨道的第9秒处，删除第二个"剪裁"效果，修改"裁剪"效果的属性，序列如图3-63所示。

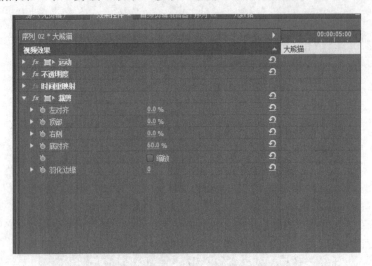

图 3-62　删除和修改"裁剪"效果

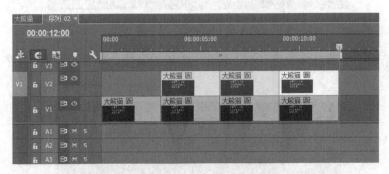

图 3-63　在视频 2 轨道中放置字幕

12）预览打字效果，如图 3-64 所示。

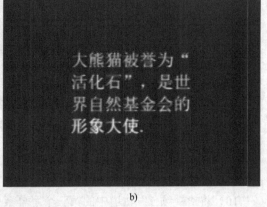

a)　　　　　　　　　　　　　　　b)

图 3-64　方法二打字效果

92

3.9 制作无缝转场效果

目标

掌握无缝转场效果的制作，让镜头与镜头之间的衔接更加流畅。

步骤

使用 Premiere 软件完成以下操作。

1）新建项目，导入素材。

2）设置蒙版路径。

3）设置蒙版羽化。

4）导出视频文件。

应用案例

1. 新建项目，导入素材

1）选择菜单命令"文件"→"新建"→"项目"，新建项目文件，名称为"无缝转场"。

2）选择菜单命令"文件"→"导入"，选择"素材文件\教材-素材\实例 19"，打开文件夹，导入文件"赴日巡演预演片段.avi""赴日巡演预演片段 2.avi"，并将"赴日巡演预演片段.avi"拖至"视频 1"轨道，将"赴日巡演预演片段 2.avi"拖至"视频 2"轨道中，如图 3-65 所示。

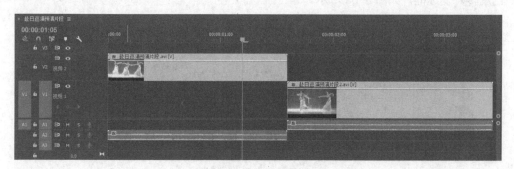

图 3-65　放置素材

2. 设置蒙版路径

1）单击"赴日巡演预演片段.avi"，打开"效果控件"窗口，单击"不透明度"节点，如图 3-66 所示。

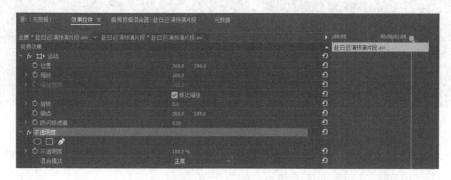

图 3-66　单击"不透明度"节点

93

2）在视频开始处，使用"钢笔"工具在屏幕外面绘制一个蒙版，如图3-67所示。

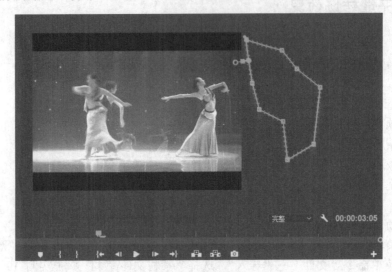

图3-67　绘制蒙版

3）"蒙版"只显示遮罩内的画面，但是还需要遮罩外的画面，因此在"不透明度"中选择"已反转"复选框，如图3-68所示。

图3-68　勾选"已反转"

4）打开"蒙版路径"前面的关键帧开关，设置"蒙版"关键帧，如图3-69所示。

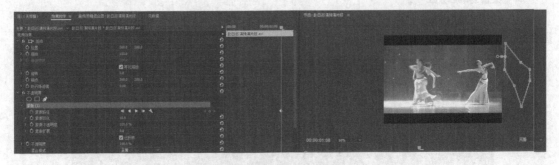

图3-69　设置"蒙版"关键帧

5）在"赴日巡演预演片段.avi"结束处，生成一个关键帧，并将蒙版设置为整个屏幕，这样遮罩在两个关键帧之间就形成了动画，如图3-70所示。

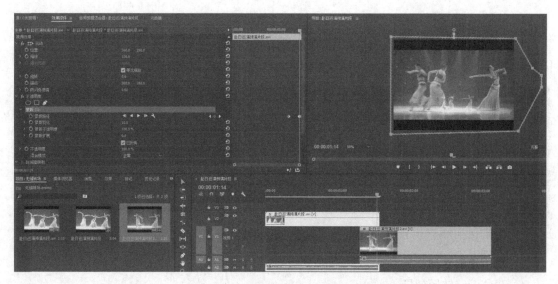

图 3-70　设置第二个"蒙版"关键帧

6）接下来跟随画面逐步处理，在视频中设置更细致的关键帧，使转场的画面更加流畅，如图 3-71 所示。

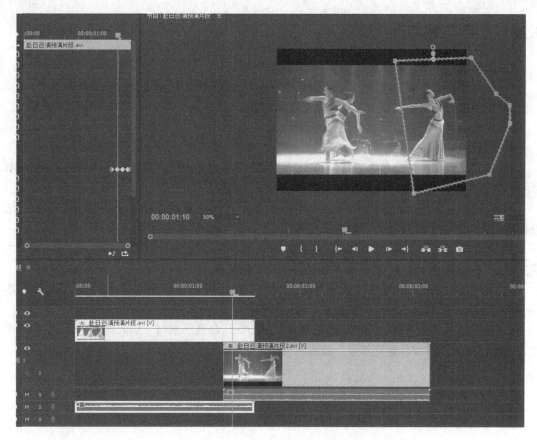

图 3-71　设置更多"蒙版"关键帧

3．设置蒙版羽化

打开"蒙版羽化"开关，设置"蒙版羽化"关键帧，再加一些羽化效果润色一下，如图 3-72 所示。

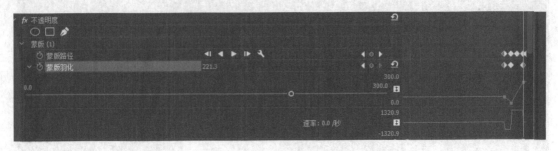

图 3-72　设置"蒙版羽化"效果

4．导出视频文件

1）预览无缝转场效果。

2）选择菜单命令"文件"→"导出"→"媒体"，在"导出设置"中，选择"格式"为"AVI"，在"输出名称"文本框中输入"无缝转场.avi"，单击"导出"按钮，导出编辑好的视频文件。

3.10　思考与练习

1．思考题

1）在重复画面效果的使用中，为了使上层图片更加清晰，可以进行什么操作？

2）颜色过滤的参数设置中需要注意哪些问题？

3）局部马赛克的参数设置有什么技巧？

2．练习题

1）新建项目文件，命名为"重复画面"，导入 2 个图片素材"背景"和"人物"，使用本章的相关方法进行剪辑，添加重复画面效果，做成新视频。

2）新建项目文件，命名为"颜色过滤"，导入 1 个图片素材"花"，使用本章的相关方法进行剪辑，添加颜色过滤效果，做成新视频。

3）新建项目文件，命名为"变形画面"，导入 2 个图片素材"屏幕"和"天坛"，使用本章的相关方法进行剪辑，添加变形画面效果，做成新视频。

4）新建项目文件，命名为"镜像效果"，导入 2 个图片素材"海水"和"建筑"，使用本章的相关方法进行剪辑，添加镜像效果，做成新视频。

5）新建项目文件，命名为"局部马赛克"，导入 1 个视频素材"黑天鹅"，使用本章的相关方法进行剪辑，添加马赛克效果，做成新视频。

第4章 音 效

一个好的视频作品，离不开音效的衬托。在影视作品制作后期，通常会加入相应的音效，以突出画面的特定氛围。为视频作品添加适当的音效，更容易使人们对视频作品产生内心深处的共鸣。Premiere Pro CC 具有处理音频素材的剪辑、合成、声道转换、调音台等功能。通过本章的学习，能够掌握基本的音效功能使用，为视频作品制作特定的音频效果。

4.1 音频概述

音频

音频是指声音文件。声音也是视频的基本要素之一。添加声音可以使得视频更加引人入胜，更好地使观众进入情景之中。视频中的音频可以是背景音乐（音乐能够让好的视频锦上添花，给整个视频带来的感染力是不可比拟的），也可以是人物配音、动作产生的声音等。

应用领域

音频在视频中的运用，主要看视频内容的需要，由于音频的形式多样，可以根据视频内容的需要进行选取和添加，增强视频的感染力。

应用原则

本章以案例讲解新建项目文件、导入音频素材、将音频素材进行修改润色等基本操作，在序列中对音频进行简单的编辑，做出多样的音频效果，最后将编辑好的作品以视频文件的形式输出。

4.1.1 相关的基本概念和术语

1）音频增益：指的是调整音频信号的声调高低。需处理声音的声调，以平衡音频信号强弱，增加音频效果。

2）声音的淡化处理：淡化处理是指弱化某一段音频的音量，使得音频的其他因素得以加强。

3）声道：是指声音在不同的空间位置中相互独立的音频信号，声道数也就是声音的音源数量。

4）左右声道：左声道是模拟人类左耳的听觉范围产生的声音输出，与右声道相对。

4.1.2 音频处理基本流程

1. 音频的合成顺序

1）序列中有多个音频通道，左右声道是比较常用的通道。

2）音频效果提供很多不同类型的效果，可以制作出多样的声音效果。

3）音频处理顺序是比较固定的，首先处理音频过滤器效果，然后处理音频通道中可能添加的效果。

2．音频增益处理

1）处理声音的声调，以平衡不同素材的增益。

2）增益可以运用在整段音频当中。增益设置对于平衡多个剪辑的增益级别和调节一段剪辑中太高或太低的音频信号都是十分适用的。

4.2　音频的剪辑合成

目标

掌握音频的剪辑与合成。

步骤

使用 Premiere 软件完成以下操作。

1）新建项目，导入素材。

2）查看音频单位。

3）剪辑音频"献给爱丽丝"。

4）添加音频过渡。

5）放置"水调歌头"。

6）放置"音乐小品"。

7）导出音频文件。

应用案例

1．新建项目，导入素材

1）选择菜单命令"文件"→"新建"→"项目"，新建项目文件，名称为"音频剪辑与合成"。

2）选择菜单命令"文件"→"导入"，选择"素材文件\教材-素材\实例 20"，打开文件夹，导入"献给爱丽丝""长歌行""水调歌头""梨花又开放""音乐小品"5 个音频素材。

3）分别双击这 5 个音频素材，在"源"窗口中预听素材声音内容，如图 4-1 所示。

图 4-1　预听素材声音内容

2．查看音频单位

1）将"献给爱丽丝"拖至"音频 1"轨道中。将"长歌行"拖至"音频 2"轨道中，如图 4-2 所示。

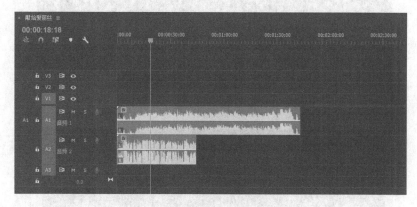

图 4-2　放置音频素材

2）单击序列窗口，按〈Space〉键播放音频，同时播放"音频 1"轨道中的"献给爱丽丝"和"音频 2"轨道中的"长歌行"。通过修改音频单位的方式，显示"长歌行"的长度为44:37631，这是采用音频时间单位来显示的。音频时间单位的显示方法为通过单击左上角的██按钮，在菜单中选择"显示音频时间单位"，如果不需要精细编辑，还是采用帧时间单位即可，如图 4-3 所示。

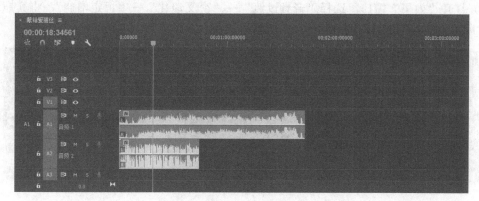

图 4-3　显示音频单位

3．剪辑音频"献给爱丽丝"

1）在序列窗口上，按〈Space〉键播放音频，其中"献给爱丽丝"的前 10 秒 10 帧是调试声音，从 10 秒 11 帧开始才是歌曲的主旋律。使用"剃刀"工具剪辑"献给爱丽丝"前面的调试部分和 22 秒 15 帧到 25 秒 09 帧的噪音部分，如图 4-4 所示。

2）选中"献给爱丽丝"的第一节和第三节音频，右击并在弹出的快捷菜单中选择"波纹删除"命令，从而删除不要的音频，并且后面的音频前移，如图 4-5 所示。

4．添加音频过渡

1）"献给爱丽丝"剪接处的音频，由于剪辑过，音乐出现不连贯，因此需要对其添加音频过渡，使得音频衔接更加自然。

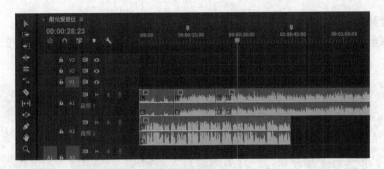

图 4-4　剪辑素材

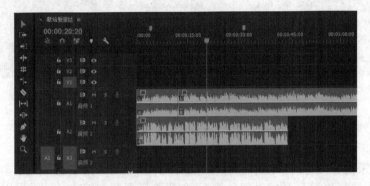

图 4-5　波纹删除

2）打开"效果"窗口，选择"音频过渡"→"交叉淡化"→"恒定增益"，将其拖至序列中"献给爱丽丝"被剪切处，如图4-6所示。

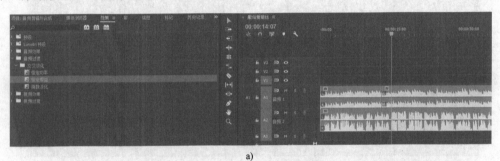

a)

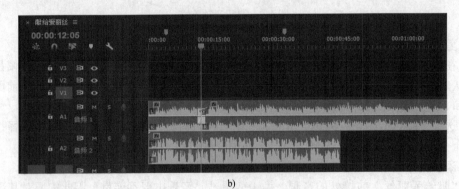

b)

图 4-6　添加"恒定增益"过渡

3）在序列中，单击"恒定增益"过渡，在"效果控件"中查看"恒定增益"过渡的属性，如图4-7所示。

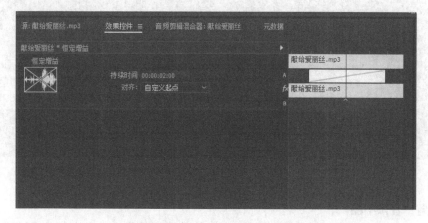

图4-7 查看"恒定增益"过渡

4）在"效果"窗口中"恒定增益"过渡左边的图标上有蓝色的框，它是音频过渡的默认过渡方式，如图4-8所示。

图4-8 音频过渡方式

5. 放置"水调歌头"

1）将"水调歌头"拖至序列的"音频 3"轨道中，使其起点与"音频 2"轨道中的"长歌行"结尾处对齐，如图4-9所示。

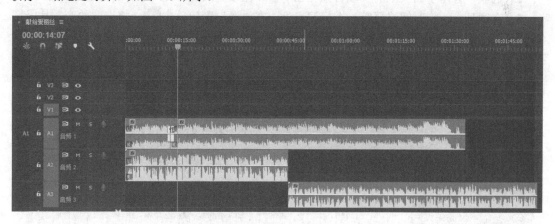

图4-9 放置"水调歌头"

2）再将"水调歌头"拖至"音频 2"轨道中，将"水调歌头"右段超出"献给爱丽丝"的部分添加"梨花又开放"歌曲补足配乐，然后将多出的音频使用"剃刀"工具剪掉，监听播放效果，如图4-10所示。

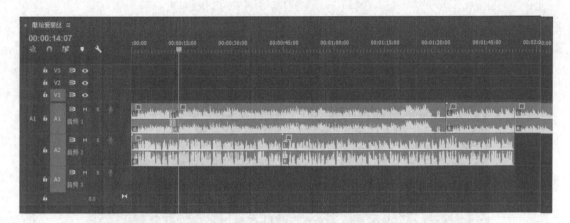

图 4-10　剪切素材

6. 放置"音乐小品"

1）播放"献给爱丽丝"，按照音频的节奏，简单地将其分为多个小节。通过标记记录音频节奏位置，在小节分隔处单击■，添加 4 个标记点，如图 4-11 所示。

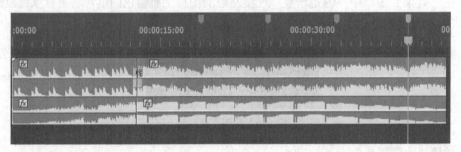

图 4-11　添加标记点

2）选取"音乐小品"中的一段音频。在 7 秒 4 帧设置入点，在 8 秒 7 帧设置出点。

3）在序列上，将时间移至第一个标记点处，在"源"窗口单击■，将选取的音频片段插入"音频 3"轨道的第 19 秒 2 帧处，如图 4-12 所示。继续相同操作，将音频片段添加到"音频 3"轨道的第 39 秒 17 帧处。

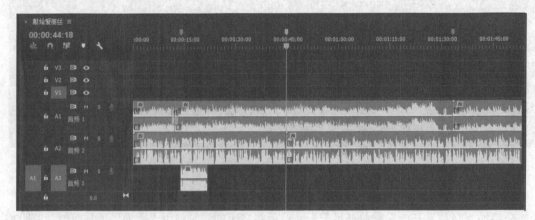

图 4-12　在"音频 3"轨道中插入"音乐小品"片段

4）最终的序列如图 4-13 所示。

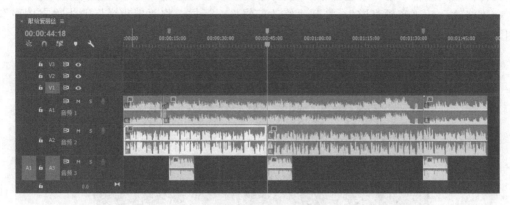

图 4-13　最终的序列

7．导出音频文件

选择菜单命令"文件"→"导出"→"媒体"，在"导出设置"中，选择"格式"为"MP3"，在"输出名称"文本框中输入"音频剪辑与合成.mp3"，单击"导出"按钮，导出编辑好的音频文件。

4.3　制作左声道与右声道

目标

对音频中的左声道和右声道进行制作。

步骤

1）新建项目，导入素材。

2）编辑左声道和右声道。

应用案例

1．新建项目，导入素材

1）选择菜单命令"文件"→"新建"→"项目"，新建项目文件，名称为"制作左右声道"。

2）选择菜单命令"文件"→"导入"，选择"素材文件\教材-素材\实例 21"，打开文件夹，导入双声道音频"梨花又开放"和"长歌行-立体声"，单声道音频"梨花又开放-单声道"，视频"将进酒-视频"。

3）双击双声道音频"梨花又开放"，在"源"窗口中查看其波形图，如图 4-14 所示。

4）双击单声道音频"梨花又开放-单声道"，在"源"窗口中，查看单声道的音频波形，如图 4-15 所示。

5）双击"将进酒-视频"，预览时可以看到视频的画面，听到音频中的声音，如图 4-16 所示。

6）单击"源：将进酒-视频.avi"窗口中视频下方的 ⊞ 按钮，可观察其音频波形，如图 4-17 所示。

2．单声道转换为立体声

1）立体声轨道中只能放置立体声音频，通过转换，可将单声道音频文件转换成立体声音频文件。在"项目"窗口中选择单声道音频"梨花又开放-单声道"，再选择菜单命令"剪辑"→"修改"→"音频声道"，打开"修改剪辑"对话框，将"单声道"改为"立体声"，如图 4-18 所示。

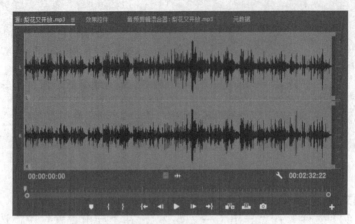

图 4-14　监听和查看双声道音频

图 4-15　监听和查看单声道音频

图 4-16　查看"将进酒-视频"的视频

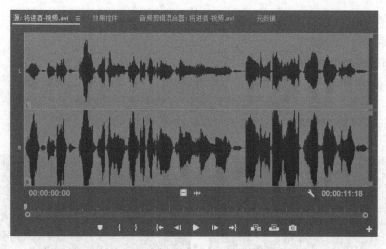

图 4-17　查看"将进酒-视频"的音频波形

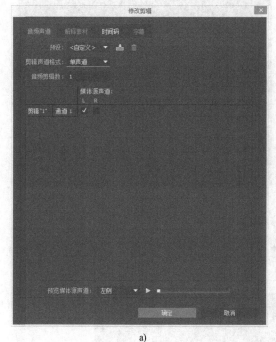

a)

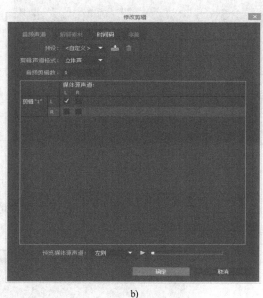

b)

图 4-18　修改剪辑 1

2）当选择"剪辑声道格式"为"立体声"并确认后，素材源窗口中的单声道音频波形图已转换为双声道，按照图 4-18 的属性，"媒体源声道"只有"L"，因此只有上面的左声道轨道为有声音的波形，而下面的右声道轨道波形为一条直线，表示没有声音。

3）单声道音频已转换为立体声，因此该音频可放置在立体声轨道中，而不能再放到单声道轨道中。

4）对于转换后该立体声的左右声道的声音，也可以通过修改"媒体源声道"来改变。在"项目"窗口中选择单声道音频，选择菜单命令"剪辑"→"修改"→"音频声道"，打开"修改剪辑"对话框，在"媒体源声道"中选择"L"，则左边喇叭有声音。单击"R"，则切换到右边有声音。通过对"媒体源声道"中左右声道的选择，来改变左右声道的声音。同时选择左右声道，则左右声道音频都有。

3．立体声转换为单声道

1）对于不能放到单声道轨道上的立体声音频文件，也可以通过音频转换，转换为单声道音频文件。在"项目"窗口中选择"梨花又开放"，然后选择菜单命令"剪辑"→"修改"→"音频声道"，打开"修改剪辑"对话框，如图 4-19 所示。

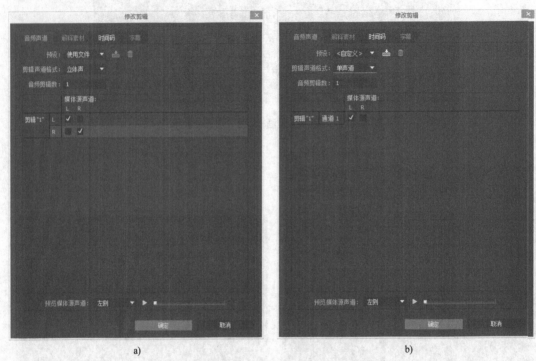

图 4-19　修改剪辑 2

2）音频的"剪辑声道格式"选择"单声道"，则波形图变为单声道，音频已转换成单声道音频，如图 4-20 所示。

图 4-20　转换为单声道

3）将转变成单声道的"梨花又开放"拖到序列的单声道轨道中。

4）若只需将立体声音频中的某一个声道转换为单声道，在"修改剪辑"对话框进行设置即可。选择菜单命令"剪辑"→"修改"→"音频声道"，取消选择"媒体源声道"下"L"，单击"确定"按钮后，音频的波形显示的是右声道的波形，如图4-21所示。

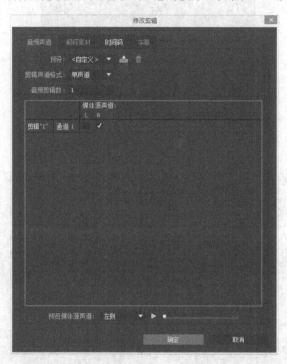

图4-21 转换立体声中的一个声道到单声道

5）将转换后的"梨花又开放"拖至序列中，其音频轨道的波形显示为右声道的波形，如图4-22所示。

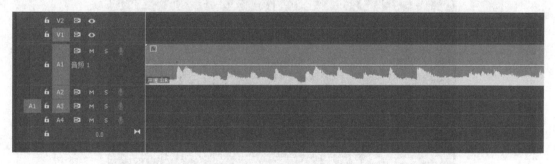

图4-22 放置转换后的音频

4. 立体声分离单声道

1）采取强制分离声道的方式，亦可将立体声分离出单声道。在"项目"窗口选择"长歌行-立体声"，然后选择菜单命令"剪辑"→"音频选项"→"强制为单声道"，音频将强制分离为两个单声道音频"长歌行-立体声"右侧和"长歌行-立体声"左对，如图4-23所示。

2）在"源"窗口中，查看分离出来的音频，"长歌行-立体声"左对的内容为唱声，"长歌行-立体声"右侧的内容为背景音乐，如图 4-24 所示。

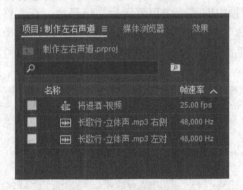

图 4-23　立体声分离为单声道

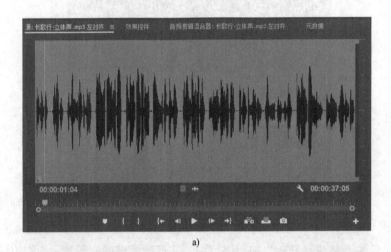

a)

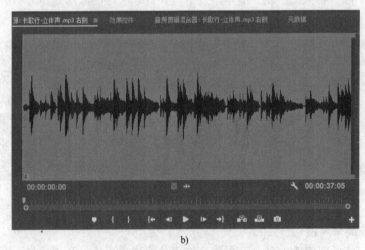

b)

图 4-24　查看分离出来的音频

5."平衡"效果

1）对音频添加不同的声音效果。在"音频效果"→"立体声"效果中，系统自带很多处理音频声道的效果。在"项目"窗口中选择"将进酒-视频",拖入到"视频1"轨道中。

2)打开"效果"→"音频效果",选择"平衡"效果,并拖至 "将进酒-视频"的音频上,如图4-25所示。

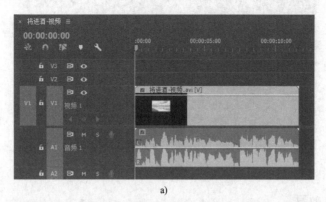

a)

b)

图4-25 添加"平衡"效果

3)在"效果控件"窗口中,对"平衡"效果进行设置。将滑块移至左端-100 处,则右声道音量变为0,只有左边有声音,如图4-26所示。

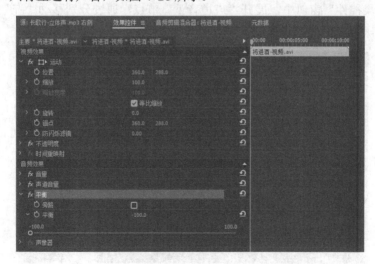

图4-26 将音量向左侧调整

4）将滑块移至右端，则左声道音量逐渐减小，直至无声音，如图4-27所示。

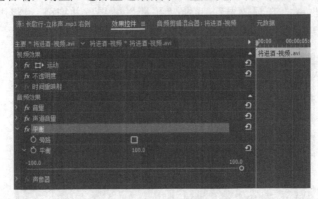

图4-27　将音量向右侧调整

6. "声道音量"效果

1）"声道音量"效果是对音频的左右声道音量进行调整。删除上一个操作的"平衡"效果，打开"效果"→"音频效果"，将"声道音量"效果拖至"将进酒-视频"的音频上，如图4-28所示。

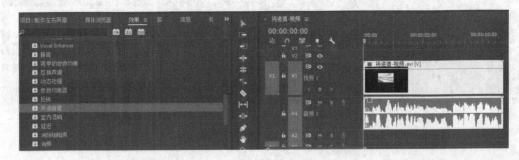

图4-28　添加"声道音量"效果

2）在"效果控件"窗口中，展开"声道音量"节点，通过分别移动"左""右"节点下的滑块，使不同声道的音量发生变化，如图4-29所示。

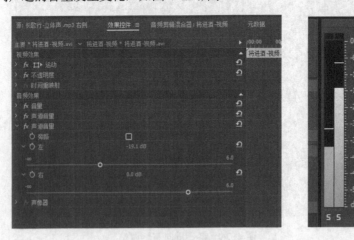

图4-29　调整不同声道的音量

7.填充声道效果

1)"用左侧填充右侧"效果是指将左声道的声音填充到右声道,使左右声道都为左声道的声音。不管右声道有无声音,都将填充为左声道的声音。"用右侧填充左侧"效果则左右声道都为右声道。打开"效果"→"音频效果",将"用左侧填充右侧"拖至序列中"将进酒-视频"的音频上,如图4-30所示。

图4-30 添加"用左侧填充右侧"效果

2)播放这段音频,将播放左声道的声音,右声道中的配乐已被左声道中的声音覆盖。

3)添加"用右侧填充左侧"效果,将播放右声道的声音,只听到配乐,左声道中的唱声已成为右声道的声音,如图4-31所示。

图4-31 添加"用右侧填充左侧"效果

8."互换声道"效果

1)"互换声道"效果是指将立体声的左右声道相互交换效果。选择"音频效果"→"互换声道",将其拖至"将进酒-视频"的音频上,如图4-32所示。

图4-32 添加"互换声道"效果

2)播放音频,左右声道音频已相互交换。

9．设置左右声道音频动画

1）打开"效果"→"音频效果"，将"平衡"效果拖至"将进酒-视频"的音频上。

2）单击"将进酒-视频"，然后打开"效果控件"窗口，在第 0 帧时，单击"平衡"节点前的开关图标，添加关键帧，将"平衡"节点下的滑块移至最左端，再按<Page Down>键。将时间移至第 12 秒 18 帧处，添加第二个关键帧，将滑块移至最右端。播放音频效果，此时"将进酒-视频"的声音从左声道音量逐渐变小，到右声道音量逐渐变大，如图 4-33 所示。

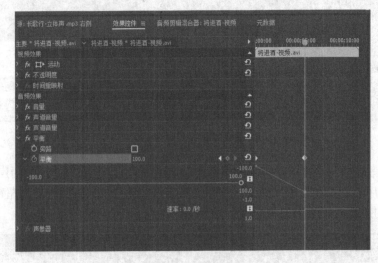

图 4-33　设置"平衡"关键帧

3）打开"效果"→"音频效果"，将"用左侧填充右侧"效果拖至序列中"将进酒-视频"上。

4）通过使用"平衡"效果，使音频单声道播放声音。打开"效果"→"音频效果"，将"平衡"效果拖至序列中"将进酒-视频"的音频上。设置"平衡"效果，将"效果控件"窗口中"平衡"节点下的滑块移至最左端，"将进酒-视频"的声音即设置为左声道音频，如图 4-34 所示。

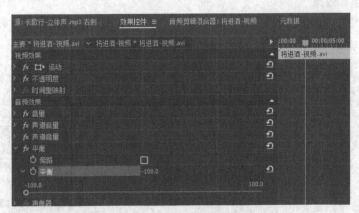

图 4-34　设置"平衡"效果

5）通过使用"声道音量"效果，也可以达到单声道的效果。打开"效果"→"音频效果"，将"声道音量"效果拖至"将进酒-视频"的音频上。在"效果控件"窗口中，将"声道音量"→"右"节点下的滑块移至最左侧，即设置为左声道音频，如图 4-35 所示。

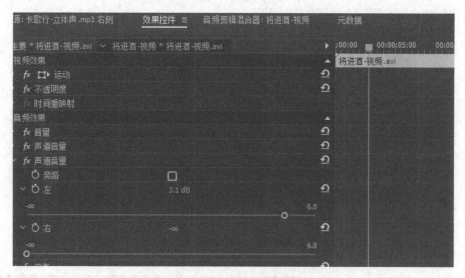

图 4-35 设置左声道音频

4.4 声音的变调变速处理

目标

掌握声音的变调处理和变速处理。

步骤

使用 Premiere 软件完成以下操作。

1）新建项目，导入素材。

2）运用声音的变调效果。

3）运用声音的变速效果。

4）导出音频文件。

应用案例

1. 新建项目，导入素材

1）选择菜单命令"文件"→"新建"→"项目"，新建项目文件，名称为"声音的变调和变速"。

2）选择菜单命令"文件"→"导入"，选择"素材文件\教材-素材\实例 22"，打开文件夹，导入"凤舞岭南"音频文件。

3）在"源"窗口打开音频"凤舞岭南"，观察音频的波形，如图 4-36 所示。

2. 运用声音的变调效果

1）将"凤舞岭南"音频拖到序列上。

2）打开"效果"→"音频效果"，将"平衡"效果拖至序列中的"凤舞岭南"音频上。展开"平衡"节点，将滑块移至最左端，如图 4-37 所示。

3）打开"效果"→"音频效果"，将"PichShifter"效果拖至序列中的"凤舞岭南"音频上。在"效果控件"窗口中的"PitchShifter"节点下单击"编辑"按钮，打开"剪辑效果编辑器-PitchShifter"对话框，将左边的旋钮向左旋转至-8，选择"Formant Preserve"复选框，则"凤舞岭南"的音调被降低，如图4-38所示。

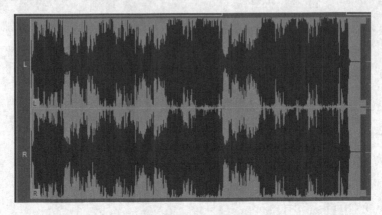

图4-36　查看音频波形

图4-37　添加"平衡"效果

3. 运用声音的变速效果

1）选择菜单命令"文件"→"新建"→"序列"，新建名为"序列02"的序列，将"凤舞岭南"音频放置到"序列02"序列上。

2）选中"凤舞岭南"，再选择菜单命令"剪辑"→"速度"→"持续时间"，在"剪辑速度/持续时间"对话框将"速度"设置为85%，单击"确定"按钮，则该音频的速度变慢，音调也降低，如图4-39所示。

3）选中"凤舞岭南"，选择菜单命令"剪辑"→"速度"→"持续时间"，在"剪辑速度/持续时间"对话框将"速度"设置为120%，单击"确定"按钮，则该音频的速度变快，音调也提高，如图4-40所示。

图4-38　设置"PitchShifter"效果

4. 导出音频文件

选择菜单命令"文件"→"导出"→"媒体"，在"导出设置"中，选择"格式"为"MP3"，在"输出名称"文本框中输入"声音的变速效果.mp3"，单击"导出"按钮，导出编辑好的视频文件。

图 4-39 慢放素材   图 4-40 快放素材

4.5 制作音频效果

目标

掌握音频多种效果的综合运用。

步骤

使用 Premiere 软件完成以下操作。

1）新建项目，导入素材。

2）运用"室内混响"效果。

3）运用"延迟"效果。

4）运用"多功能延迟"效果。

5）运用"低音"效果。

6）运用"多频段压缩器"效果。

应用案例

1. 新建项目，导入素材

1）选择菜单命令"文件"→"新建"→"项目"，新建项目文件，名称为"音频效果"。

2）选择菜单命令"文件"→"导入"，选择"素材文件\教材-素材\实例 23"，打开文件夹，导入"凤舞岭南"音频文件。

3）在"源"窗口打开"凤舞岭南"音频，观察其两个声道音频的波形，如图 4-41 所示。

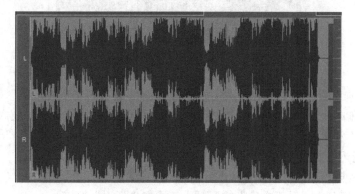

图 4-41 查看两个声道音频的波形

2．运用"回响"效果

1）将"凤舞岭南"音频拖至序列，打开"效果"→"音频效果"，选择"室内混响"效果并拖至序列中"凤舞岭南"音频上，添加"室内混响"效果，如图4-42所示。

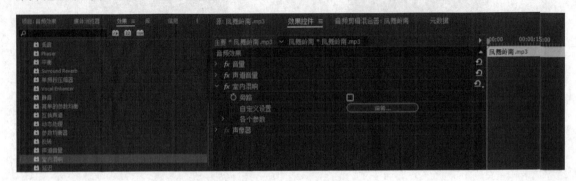

图4-42　添加"室内混响"效果

2）在"效果控件"窗口展开"室内混响"节点，单击"编辑"按钮打开"剪辑效果编辑器-室内混响"对话框，将"预设"设为"主控混响"将"衰减"和"早反射"滑块拖到最右端，播放声音，得到明显的回响效果，如图4-43所示。

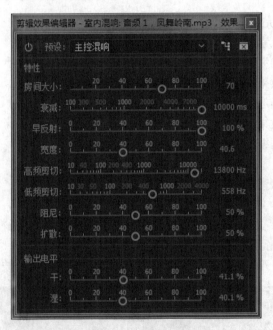

图4-43　设置"室内混响"效果

3）"室内混响"效果中主要参数意义如下。"衰减"是指该"主控混响"的总时间长度，空间越大，时间就越长；"早反射"是指直达声与前反射声的时间百分比，越大越空旷；"输出电平"中的"干"和"湿"是指混响效果声音的大小，表面材质越松软，其"干"越小。

3．运用"延迟"效果

1）选中"凤舞岭南"，取消选择"室内混响" ![fx]。打开"效果"→"音频效果"，将"延迟"效果拖至序列中"凤舞岭南"的音频上，添加"延迟"效果。

2）监听播放效果，然后将默认的延迟时间 1 秒减小为 0.2 秒，如图 4-44 所示。

图 4-44　设置"延迟"效果

4．运用"多功能延迟"效果

选中"凤舞岭南"，取消选择"延迟" fx 。打开"效果"→"音频效果"，将"多功能延迟"效果拖至"凤舞岭南"音频上，添加并设置"多功能延迟"效果，如图 4-45a 所示。按照图 4-45b 修改参数。

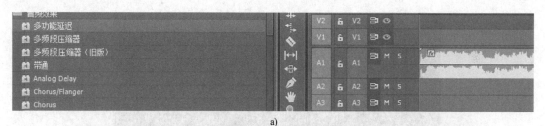

a)

b)

图 4-45　添加并设置"多功能延迟"效果

5．运用"低音"效果

选中"凤舞岭南"，取消选择"多功能延迟" fx 。打开"效果"→"音频效果"，将"低音"效果拖至"凤舞岭南"音频上，添加并设置"低音"效果，如图 4-46 所示。

图 4-46　添加并设置"低音"效果

6．运用"多频段压缩器"效果

1）选中"凤舞岭南"，取消选择"低音" fx 。打开"效果"→"音频效果"，将"多频段压缩器"效果拖至"凤舞岭南"音频上，添加"多频段压缩器"效果。

2）设置"多频段压缩器"效果，可分别采用高、中、低 3 个频段来进行，如图 4-47所示。

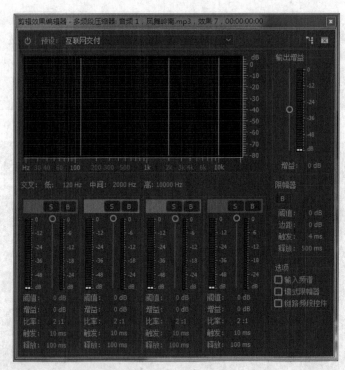

图 4-47　设置"多频段压缩器"效果

4.6　思考与练习

1．思考题

1）左声道与右声道有什么区别？

2）常用的音频特效有哪些？

2. 练习题

1）新建项目文件，命名为"音频的剪辑合成"，导入 5 个音频素材"钢琴与二胡对话""主持人""鸟鸣""小提琴"和"新年音乐会"，使用本章相关方法对音频进行顺序处理与剪辑，做成新音频。

2）新建项目文件，命名为"左声道与右声道"，导入 1 个音频素材"钢琴与二胡对话"，使用本章相关方法进行左声道与右声道的变换，感受音频效果，做成新音频。

3）新建项目文件，命名为"音频变调变速"，导入 1 个音频素材"钢琴与二胡对话"，使用本章相关方法进行音频的变调变速处理，感受音频效果，做成新音频。

4）新建项目文件，命名为"音频特效"，导入 1 个音频素材"钢琴与二胡对话"，使用本章相关方法进行音频特效的添加使用，感受音频特效的效果，做成新音频。

第5章 字 幕

影视作品、专题片等视频中除了视频、图片、音乐外，通常还需要配以字幕提示，不仅可以帮助人们更好地理解画面或声音内容，还能为作品起到画龙点睛的作用。除了解说词式的字幕，Premiere Pro CC 还提供了丰富的字幕制作功能，为视频作品提供更多的画面选择。通过本章的学习，能够掌握字幕功能的基本操作，包括字幕的排版、动态字幕及字幕动画的制作，为视频作品添加恰当的字幕形式。

5.1 字幕概述

字幕

字幕不只包括文字信息，图片、标记等也可以作为字幕放在视频作品中。字幕既可以以多种形式将信息静止在屏幕一角，也可以做成不同形态的滚动字幕，如影视作品后的工作人员名单。一般在剪辑视频的软件中所说的字幕主要包括以下几种。

1）画面中人物的解说词或对白，例如，为了让观众听清楚画面中人物的对话，需要在人物说话时配上字幕。

2）音乐中的歌词字幕。

3）动画中需要表现出来的一些重要文字。

4）视频节目的制作人员名单。

应用领域

字幕一般应用在视频需要对观众提供更多信息或需要进行解释的地方，例如背景说明、人物对话等。

应用原则

本章以案例讲解新建项目文件、导入素材、为素材添加字幕等基本操作，在序列中对视频进行简单的编辑，简单调整界面显示，最后将编辑好的作品以视频文件的形式输出。字幕的应用原则主要如下。

1）准确，最好不要在字幕中出现错别字。

2）大小适中，清晰可见。

3）字体相对统一，不要太花哨，一般常用的字体是黑体。

4）文字的颜色要比较突出，与背景画面的颜色要协调。

5）字幕一般是居中出现在屏幕的中间或下方。

6）如果有运动的字幕，要注意留足时间让观众看完。

5.1.1 相关的基本概念和术语

1）滚动字幕。滚动字幕是相对于静止字幕而言的，滚动字幕可以实现字幕的滚动呈现，比较有动态感。

2）字幕排版：字幕排版是对字幕本身进行参数设置，使字幕更加美观。

3）字幕样式：字幕样式是对字幕字体、颜色等的固定设置，Premiere 中有大量的字幕样式可供选择，使用者也可以根据自己的需求制作新的字幕样式。

4）图形绘制：图形绘制是针对特殊的字幕需求，对字幕进行更加复杂的设置。

5）对齐和排列：对齐和排列可以视为字幕排版的一个方面。

6）字幕动画：为字幕添加动画效果，使字幕更加生动，增强视频的可观性。

5.1.2　字幕制作基本流程

1．创建字幕，设置字幕属性

1）新建项目，导入素材。

2）创建字幕。

3）设置字幕属性。

2．字幕图形绘制

1）选择字幕图形工具。

2）绘制各种类型图表。

3）设置图表属性。

3．字幕版式设置

1）设置字幕对象的位置。

2）设置字幕对象的排列。

3）设置字幕对象的分布。

4．字幕动画制作

1）拆分字幕、分离其他字幕。

2）选择字幕对象，添加关键帧。

3）设置关键帧上字幕对象属性。

4）添加字幕对象动画效果。

5）字幕的动画效果的预览。

5.2　制作简单字幕

目标

1）掌握字幕功能。

2）熟练掌握制作字幕的方法。

步骤

使用 Premiere 软件完成以下操作。

1）新建项目，导入素材。

2）制作字幕。

3）制作相似字幕。

应用案例

1．新建项目，导入素材

1）选择菜单命令"文件"→"新建"→"项目"，新建项目文件，名称为"简单字幕"。

2）选择菜单命令"编辑"→"首选项"→"常规"，将"视频过渡默认持续时间"设置为 50 帧，将"静止图像默认持续时间"设置为 5 秒，单击"确定"按钮。

3）选择菜单命令"文件"→"导入"，选择"素材文件\教材-素材\实例 24"，打开文件夹，导入素材，选择"故宫 1""故宫 2""故宫 3"和"故宫 4"4 个素材文件，可以看到这些素材的长度都为 5 秒。

4）按住〈Ctrl〉键不放，依次选择"故宫 1""故宫 2""故宫 3"和"故宫 4"4 个素材文件，并拖至"视频 1"轨道中，使其首尾相连接，如图 5-1 所示。

图 5-1　放置素材

2. 制作字幕

1）在"故宫 1"的画面上添加文字"故宫"。当时间指示线停在"故宫 1"上，选择菜单命令"文件"→"新建"→"字幕"，弹出"新建字幕"对话框，将字幕命名为"字幕 01"，单击"确定"按钮，如图 5-2 所示。

2）"字幕"窗口由 5 大部分组成。中间为"字幕"窗口主体面板，左上部为字幕工具，左下部为字幕动作，中下部为字幕样式，右部为字幕属性，如图 5-3 所示。

图 5-2　创建字幕 01

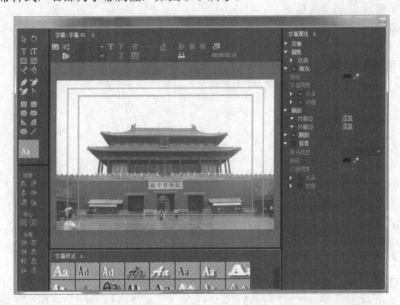

图 5-3　"字幕"窗口的组成

3）在字幕工具窗口中选择 ⊤，单击图片左上角，输入"故宫"两字，如图 5-4 所示。

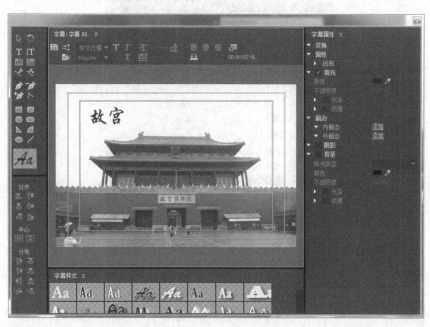

图 5-4　添加字幕

4）输入后，使用"选择"工具 ，单击文字"故宫"，文字周围有 8 个操作控制点，可以进行缩放、旋转和位置移动，如图 5-5 所示。

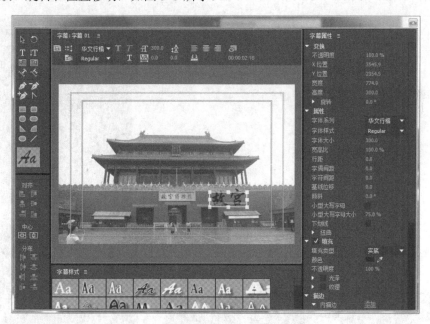

图 5-5　调整文字

5）在"字幕"窗口的主体面板上部的"字体"下拉列表框中，选择"华文行楷"。亦可在"字幕属性"窗口中的"属性"下选择字体，如图 5-6 所示。

图 5-6　设置文字属性

6）按住鼠标左键将"故宫"两字放大、缩小，"字幕属性"窗口中的相应属性参数也会发生变化，如图 5-7 所示。

7）选择"故宫"两字，在右侧的属性中选择"阴影"，将添加阴影，如图 5-8 所示。

图 5-7　调整文字大小　　　　　　　　　图 5-8　为文字添加阴影

8）关闭"字幕"窗口，在"项目"窗口中新增了一个时长与图片长度同为 5 秒的"字幕01"，如图5-9所示。

图5-9　新增的字幕

3．制作相似字幕

1）将时间指示线移至图片"故宫2"上，双击"字幕01"打开"字幕"窗口。

2）单击▦"基于当前字幕新建字幕"，弹出"新建字幕"对话框，命名为"字幕02"，单击"确定"按钮后，复制了"字幕 01"的内容，如图5-10所示。

a)

图5-10　基于当前字幕新建"字幕02"

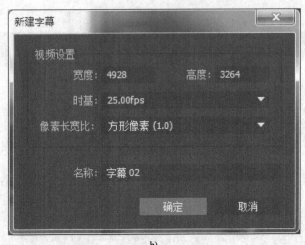

b)

图 5-10　基于当前字幕新建"字幕 02"（续）

3）在"字幕 02"中，将"故宫"改成"宫殿"，如图 5-11 所示。

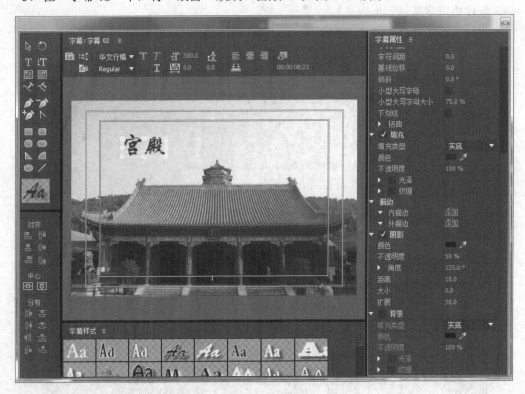

图 5-11　更改文字

4）同样，单击 "基于当前字幕新建字幕"，新建"字幕 03"，将"字幕 03"中的文字"宫殿"改成"石桥"，并将其移至右下方，如图 5-12 所示。

a)

b)

图 5-12　基于当前字幕新建"字幕 03"

5）同样，新建"字幕 04"后将"石桥"改成"天坛"，并将文字移至左上方，如图 5-13 所示。

a)

b)

图 5-13 基于当前字幕新建"字幕 04"

128

6）关闭"字幕"窗口。分别将 4 个字幕放置到序列中，并分别把"交叉划像"过渡效果添加到各图片之间和字幕之间，完成场景过渡的画面和文字效果的制作，如图 5-14 所示。

a)

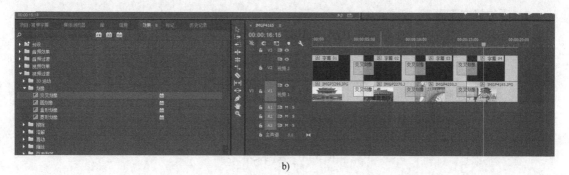

b)

图 5-14　放置字幕并添加"交叉划像"效果

5.3　制作滚动字幕

目标

熟练掌握使用区域字幕工具编辑多行多段文字的方法。

步骤

使用 Premiere 软件完成以下操作。

1）新建项目，导入素材。

2）添加静态字幕。

3）制作滚动字幕。

4）制作变速滚动字幕。

5）制作游动字幕。

应用案例

1．新建项目，导入素材

1）选择菜单命令"文件"→"新建"→"项目"，新建项目文件，名称为"滚动字幕"。

2）选择菜单命令"文件"→"导入"，选择"素材文件\教材-素材\实例 25"，打开文件夹，导入图片素材"西湖"和"关雎"。

3）将图片素材"西湖"拖至序列的"视频 1"轨道中，如图 5-15 所示。

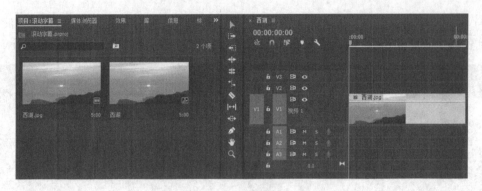

图 5-15　放置素材

2. 添加静态字幕

1）打开"饮湖上初晴后雨二首.txt"文本文件，复制文本，如图 5-16 所示。

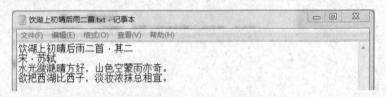

图 5-16　复制文本

2）选择菜单命令"文件"→"新建"→"字幕"，弹出"新建字幕"对话框，将字幕命名为"静止字幕"，单击"确定"按钮。

3）在字幕工具面板中选择 T，在"字幕"窗口按住鼠标左键并拖动，新建一个字幕输入区域，按〈Ctrl+V〉组合键粘贴文本到该区域中，如图 5-17 所示。

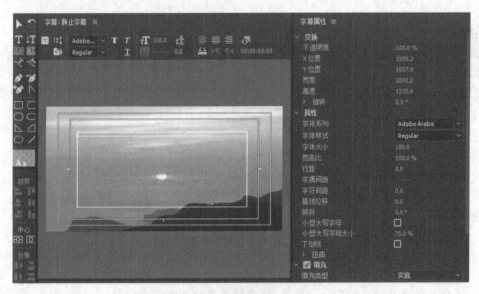

图 5-17　创建"静止字幕"并复制文字

4）在"字幕属性"窗口中设置字体，如图 5-18 所示。

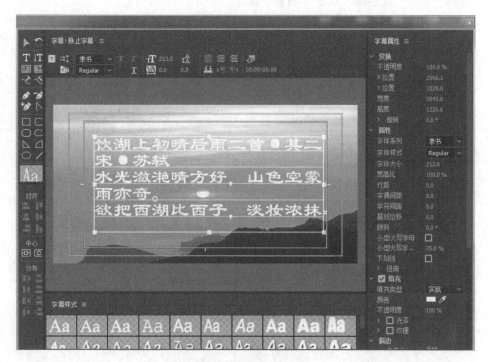

图 5-18　设置文字属性

5）在"描边"选项组中，添加并设置"外描边"，如图 5-19 所示。

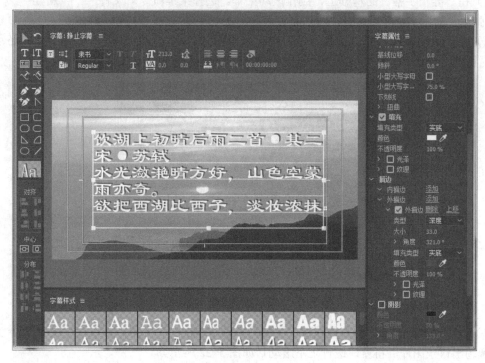

图 5-19　设置字体效果

6）选择"阴影"复选框，设置"阴影"属性，如图 5-20 所示。

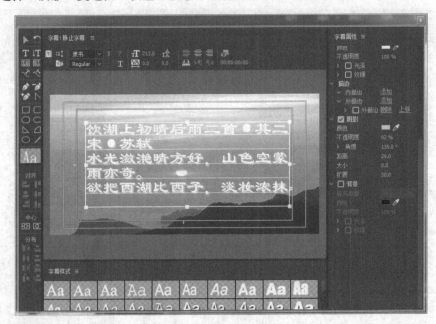

图 5-20　设置"阴影"属性

7）设置字幕属性下的其他参数。

3. 制作滚动字幕

1）在"静止字幕"的基础上，制作滚动字幕。选择菜单命令"文件"→"新建"→"字幕"，弹出"新建字幕"对话框，将字幕命名为"滚动字幕"，单击"确定"按钮。

2）在"滚动字幕"的"字幕"窗口中，单击 ▦ "滚动/游动选项"，弹出"滚动/游动选项"对话框，选择"字幕类型"为"滚动"，单击"确定"按钮，如图 5-21 所示。

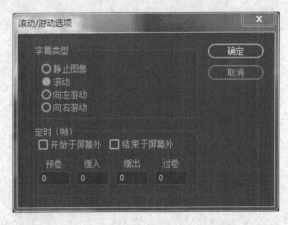

图 5-21　"滚动/游动选项"对话框

3）设置"滚动字幕"的其他属性。用鼠标拖动文本框的右下角，并设置行距为 25，文字的篇幅超出背景图片，将窗口进行上下滚动，如图 5-22 所示。

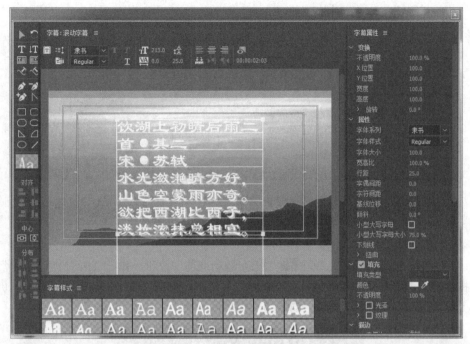

a)

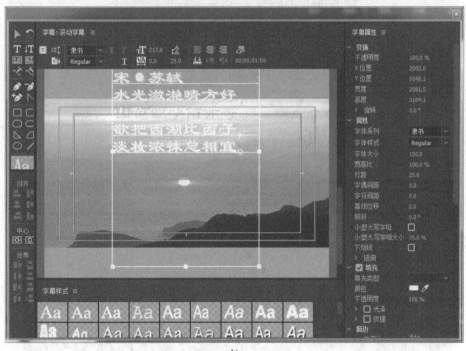

b)

图 5-22　增大行距

4）在"项目"窗口中，"静止字幕"为静止图片，"滚动字幕"为视频。将"滚动字幕"拖至序列中，预览节目，字幕有上移的动作，如图 5-23 所示。

图 5-23 预览"滚动字幕"

5）双击打开"滚动字幕"，单击 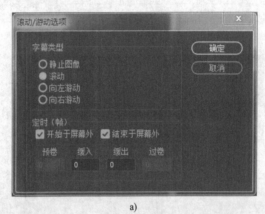 "滚动/游动选项"按钮，弹出"滚动/游动选项"对话框，选择"开始于屏幕外"和"结束于屏幕外"复选框，单击"确定"按钮，字幕将从屏幕之外开始上滚，滚动出屏幕外时结束，如图 5-24 所示。

a)

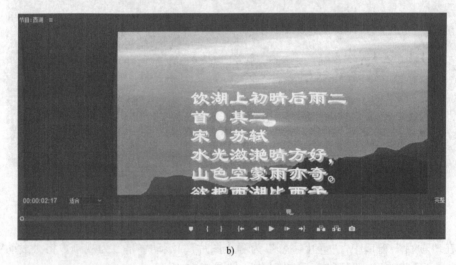

b)

图 5-24　设置字幕从屏幕外滚入并滚出到屏幕外

c)

d)

图 5-24　设置字幕从屏幕外滚入并滚出到屏幕外（续）

6）再次双击"滚动字幕"，单击▦，弹出"滚动/游动选项"对话框，取消选择"结束于屏幕外"复选框。在序列上播放结束时，字幕最终停留在屏幕中，如图 5-25 所示。

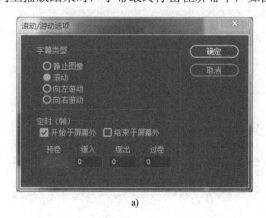

a)

图 5-25　设置字幕从屏幕外滚入并停留在屏幕中

b)

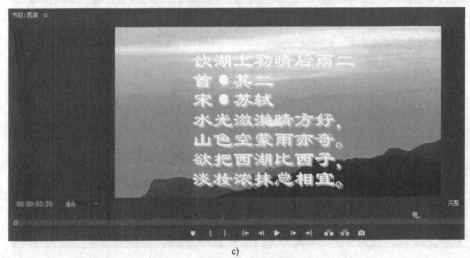

c)

图 5-25　设置字幕从屏幕外滚入并停留在屏幕中（续）

7）在"滚动字幕"的"字幕"窗口进行相同的操作，仅选择"结束于屏幕外"复选框，字幕从屏幕中开始，最后到屏幕上方之处，如图 5-26 所示。

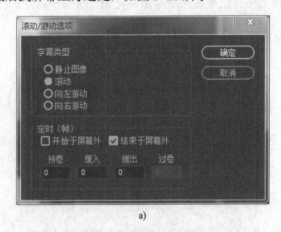

a)

图 5-26　字幕开始于屏幕中并滚出到屏幕外

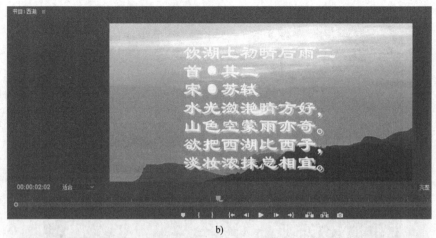

b)

c)

图 5-26　字幕开始于屏幕中并滚出到屏幕外（续）

8）字幕在屏幕中停留一段时间后双击打开"滚动字幕"，单击 ⊞，弹出"滚动/游动选项"对话框，选择"开始于屏幕外"复选框，取消选择"结束于屏幕外"，"过卷"设为 50，单击"确定"按钮，在序列上播放。字幕的总长度为 5 秒，字幕从屏幕的下方上滚到最后的画面并停止 2 秒，如图 5-27 所示。

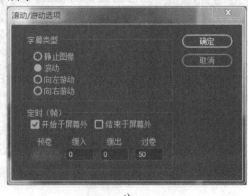

a)

图 5-27　设置屏幕中的停留时间

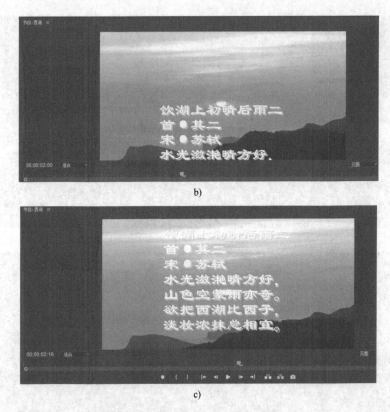

b)

c)

图 5-27 设置屏幕中的停留时间（续）

4. 制作变速滚动字幕

1）选择菜单命令"文件"→"新建"→"序列"，新建"序列 02"序列，将图片素材"关雎"拖至序列中，如图 5-28 所示。

a)

图 5-28 创建"序列 02"并放置素材

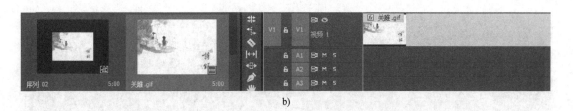

b)

图 5-28 创建"序列 02"并放置素材（续）

2）打开"关雎.txt"文本文件并复制文本，如图 5-29 所示。

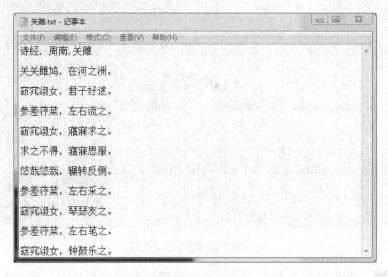

图 5-29 复制文本

3）选择菜单命令"文件"→"新建"→"字幕"，弹出"新建字幕"对话框，将字幕命名为"滚动变速字幕"，单击"确定"按钮，如图 5-30 所示。

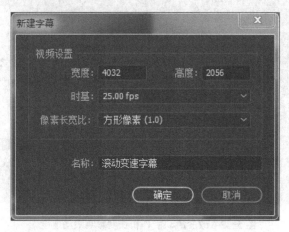

图 5-30 "新建字幕"对话框

4）选择 T "文字输入"工具，将文本复制在左上方，设置字幕属性，调整字体、尺寸和行距等参数，如图 5-31 所示。

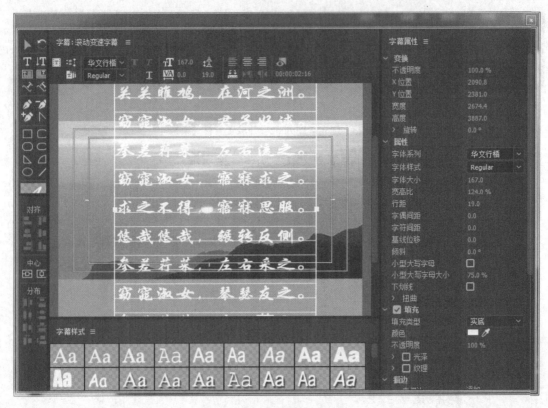

图 5-31　创建多行滚动字幕

5）单击  "滚动/游动选项" 按钮，弹出 "滚动/游动选项" 对话框，选择 "开始于屏幕外" 和 "结束于屏幕外" 复选框，单击 "确定" 按钮，字幕将从图片底部滚动到屏幕上方之外，如图 5-32 所示。

图 5-32　改变滚动字幕和长度影响滚动速度

6）将 "滚动变速字幕" 的长度确定为 10 秒。单击 "字幕" 窗口左上角的 "滚动/游动选项" 按钮，弹出 "滚动/游动选项" 对话框，设置定时属性，如图 5-33 所示。

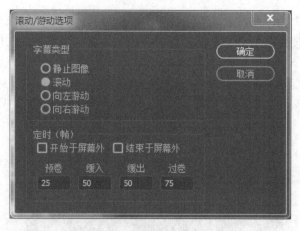

图 5-33　设置"定时"属性

5. 制作游动字幕

1）选择菜单命令"文件"→"新建"→"序列"，新建"序列 03"序列，将图片素材"西湖"拖至序列中。

2）打开"饮湖上初晴后雨二首.txt"文本文件，复制最后一句文字。

3）选择菜单命令"文件"→"新建"→"字幕"，弹出"新建字幕"对话框，命名为"游动字幕"，单击"确定"按钮，打开"字幕"窗口。

4）选择 ![T] 工具，将文本复制在左上方，设置字幕属性，调整字体、尺寸和行距等参数，如图 5-34 所示。

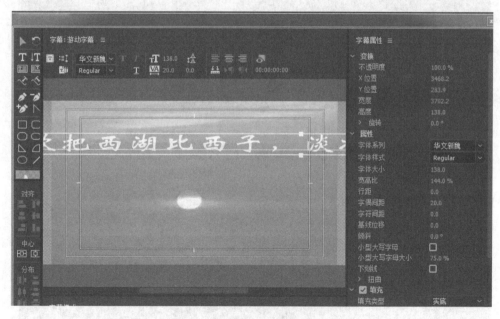

图 5-34　创建"游动字幕"

5）将"字幕"窗口关闭，在序列中播放查看字幕的游动效果。

6）打开"字幕"窗口，单击 ![按钮] "滚动/游动选项"按钮，弹出"滚动/游动选项"对话框，选择"字幕类型"为"向右游动"选择"开始于屏幕外"和"结束于屏幕外"复选框。单击"确定"按钮，使字幕从屏幕左侧之外向右移动，直到字幕移动到屏幕的右侧之外，如图 5-35 所示。

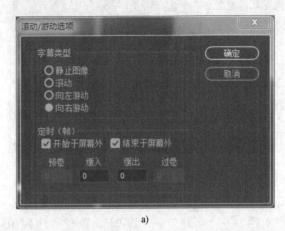

a)

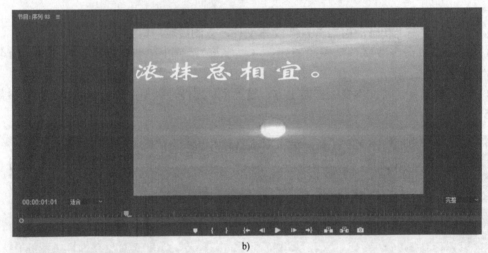

b)

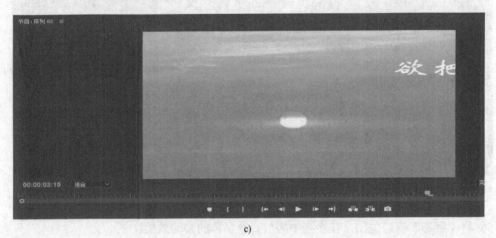

c)

图 5-35　设置"游动字幕"从屏幕左侧之外到右侧之外

7）将"游动字幕"的长度确定为10秒。单击"字幕"窗口左上角的 ▦ "滚动/游动选项"按钮，弹出"滚动/游动选项"对话框，设置定时属性，单击"确定"按钮，如图5-36所示。

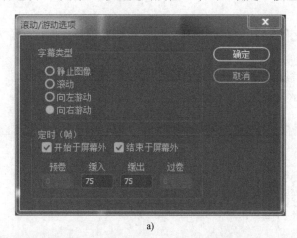

a)

b)

图5-36 设置变速游动字幕

8）改变"游动字幕"的长度时，文字移动速度将会发生变化，缩短时变快，拉长时变慢。

5.4 字幕排版

目标

熟练掌握常用字幕排版的方法。

步骤

使用 Premiere 软件完成以下操作。

1）新建项目。

2）制作横排字幕。

3）制作竖排字幕。

4）制作横排区域字幕。

5）制作路径文字。

应用案例

1．新建项目

选择菜单命令"文件"→"新建"→"项目"，新建项目文件，名称为"字幕排版"。

2．制作横排字幕

1）打开文件夹"素材文件\教材-素材\实例 26"，打开"陋室铭.txt"文本文件，复制全部文本，如图 5-37 所示。

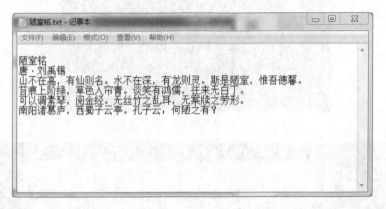

图 5-37　复制文本

2）选择菜单命令"文件"→"新建"→"字幕"，弹出"新建字幕"对话框，将字幕命名为"横排字幕"，单击"确定"按钮。

3）选择 **T**，粘贴所复制的文本，并设置字幕属性，如图 5-38 所示。

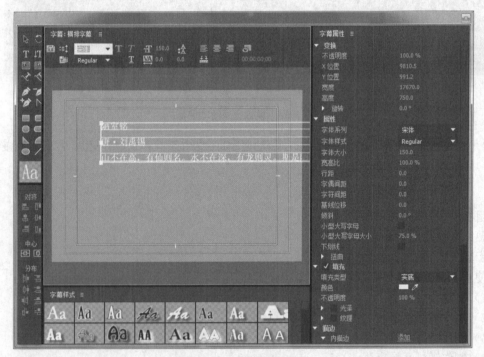

图 5-38　创建"横排字幕"

4）字幕最后一行的文字过长，在字幕上右击，在弹出的快捷菜单中选择"自动换行"，如图 5-39 所示。

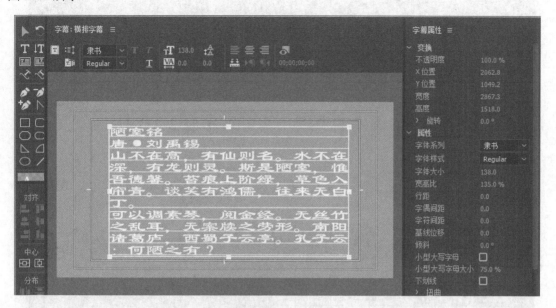

图 5-39　自动换行

5）修改文字大小，文字将以字幕安全框为界限重新进行排版，如图 5-40 所示。

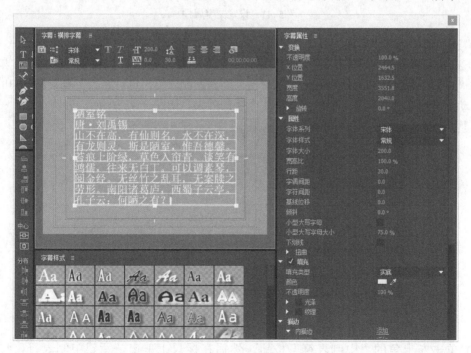

图 5-40　文字排版

6）设置文字属性，在每个句子的后面按〈Enter〉键将其换行，如图 5-41 所示。

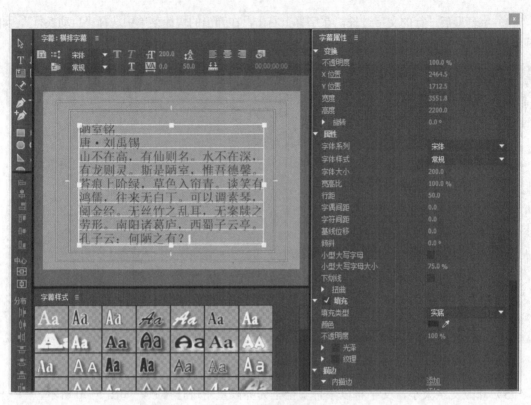

图 5-41　设置文字属性

7）选择菜单命令"字幕"→"查看"，确认选择了"制表符标记"。

8）选择菜单命令"字幕"→"制表位"，或者单击 ，弹出"制表位"对话框，单击左上角的"左制表符"按钮，然后在标尺上单击，新建左制表符，再对照"字幕"窗口中的黄线将其拖动到合适位置，使文字能达到缩进 2 个字的效果，如图 5-42 所示。

图 5-42　"制表位"对话框

9）单击左上角的"中制表符"按钮，然后在标尺上单击，新建中制表符，再对照"字幕"窗口中的黄线将其拖动到合适位置，使中制表符位于文字水平中心处，如图 5-43 所示。

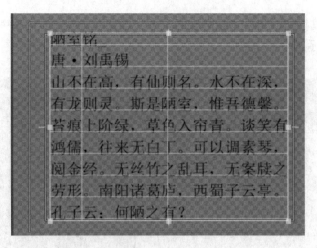

图 5-43　添加制表符

10）添加制表符后，将光标移动到"陋室铭"前面，按下〈Tab〉键，"陋室铭"移动到左制表符处，再按一次〈Tab〉键，"陋室铭"就移动到中制表符处，呈居中排列。

11）同样地，按两次〈Tab〉键将"唐·刘禹锡"移到居中位置。最后对其他内容按一次〈Tab〉键，使其移动到左制表符处，实现首行缩进 2 个字的效果，完成文字排版，效果如图 5-44 所示。

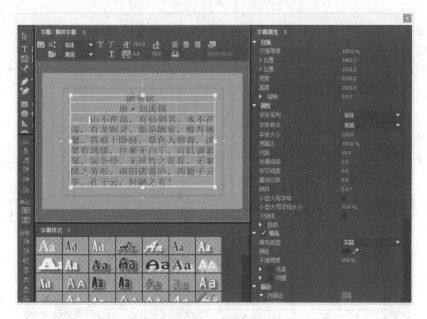

图 5-44　排版效果

3．制作竖排字幕

1）打开文件夹"素材文件\教材-素材\实例 26"，打开"陋室铭.txt"文本文件，复制全部文本。

2）选择菜单命令"文件"→"新建"→"字幕"，弹出"新建字幕"对话框，将字幕命名为"竖排字幕"，单击"确定"按钮。

3）单击 **T** 工具按钮，将文本粘贴在右上方，设置字幕属性，调整字体、尺寸和行距等参数，如图 5-45 所示。

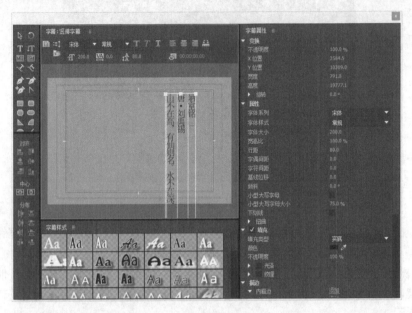

图 5-45　创建"竖排字幕"

4）字幕文字过长时，右击字幕，在弹出的快捷菜单中选择"自动换行"命令，文字将会自动换行排列。调整整个文本，使其缩小到屏幕中部，如图 5-46 所示。

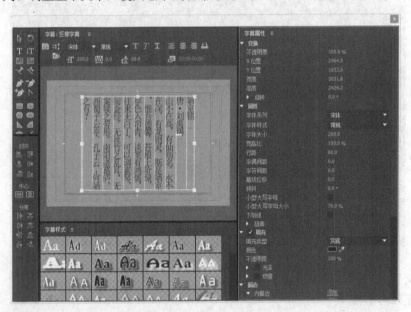

图 5-46　文字换行并调整位置

5）竖排文字的制表符在方向上会有不同。选择菜单命令"字幕"→"制表位"，弹出"制表位"对话框，单击"左制表符"按钮，再单击标尺，新建左制表符，然后对照"字幕"

窗口中的黄线将其拖动到第三个字之前。

6）单击"中制表符"按钮，再单击标尺，新建中制表符，然后对照"字幕"窗口中的黄线将其拖动到中心处，如图 5-47 所示。

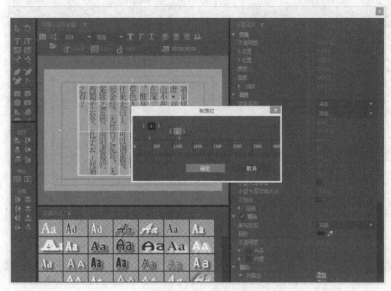

图 5-47　添加中制表符

7）单击"右制表符"按钮，再单击标尺，新建右制表符，然后对照"字幕"窗口中的黄线将其拖动到文字最下端。

8）添加制表符后，将光标移动到"陋室铭"上面，按下〈Tab〉键，"陋室铭"移动到左制表符处，再按一次〈Tab〉键，"陋室铭"就移动到中制表符处，呈居中排列。

9）同样地，按两次〈Tab〉键将"唐·刘禹锡"移到居中位置。最后对其他内容按一次〈Tab〉键，使其移动到左制表符处，首行缩进 2 个字，完成文字排版，效果如图 5-48 所示。

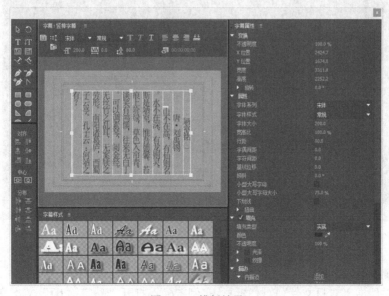

图 5-48　排版效果

10）添加行。单击文字结尾处，按〈Enter〉键换行，输入"选自《全唐文》"，如图 5-49 所示。

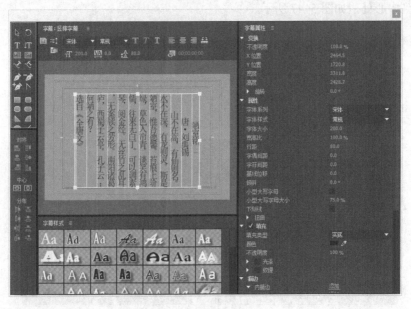

图 5-49　输入文字

11）将光标移到"选自《全唐文》"之前，按三次〈Tab〉键，将文字"选自《全唐文》"移动到右制表符之前，完成文字排版，效果如图 5-50 所示。

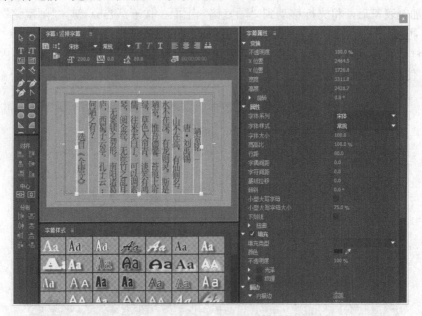

图 5-50　全文排版效果

4．制作横排区域字幕

1）打开文件夹"素材文件\教材-素材\实例 26"，打开"陋室铭.txt"文本文件，复制全部文本。

2）选择菜单命令"文件"→"新建"→"字幕"，弹出"新建字幕"对话框，将字幕命名为"横排区域字幕"，单击"确定"按钮。

3）单击，拖动鼠标创建字幕输入区域，将文本粘贴在左上方，设置字幕属性，调整字体、尺寸和行距等参数，如图 5-51 所示。

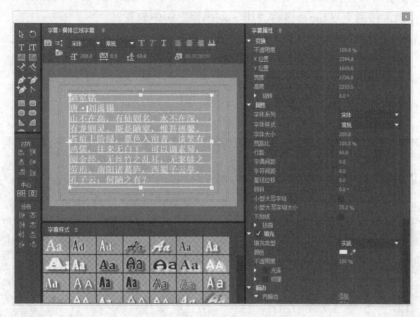

图 5-51　创建"横排区域字幕"

4）在文字的结尾处按〈Enter〉键换行，输入"选自《全唐文》"，如图 5-52 所示。

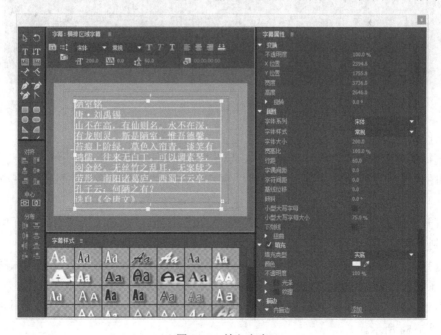

图 5-52　输入文字

5）选择菜单命令"字幕"→"制表位"，弹出"制表位"对话框，单击"左制表符"按钮，单击标尺，新建左制表符，并将其移动到第三个字之前。

6）单击"中制表符"按钮，单击标尺，新建中制表符，并将其移动到文字水平中心处。

7）单击"右制表符"按钮，单击标尺，新建右制表符，并将其移动到文字的最右边。

8）单击文字，将光标移到"陋室铭"前面，按两下〈Tab〉键将"陋室铭"移动到中制表符处。同样地，按两下〈Tab〉键将"唐·刘禹锡"居中放置。

9）将光标移到段落首行文字"山"之前，按一次〈Tab〉键，"山"移动到左制表符之后。

10）将光标移到最后一段文字前面，按三次〈Tab〉键，将"选自《全唐文》"移动到右制表符之前，排版效果如图5-53所示。

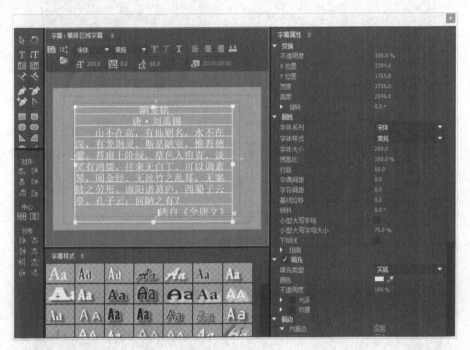

图5-53 排版效果

5. 制作路径文字

1）选择菜单命令"文件"→"导入"，选择"素材文件\教材-素材\实例26"，打开文件夹，选择图片素材"西湖"并导入"项目"窗口中。将"西湖"拖至序列的"视频1"轨道中。

2）打开文件夹"素材文件\教材-素材\实例26"，打开"饮湖上初晴雨后二首.txt"文本文件，复制"欲把西湖比西子"。

3）选择菜单命令"文件"→"新建"→"字幕"，弹出"新建字幕"对话框，将字幕命名为"字幕02"，单击"确定"按钮。

4）在"字幕"窗口中选择 工具，大致绘制一条弯曲路径，可继续使用该工具调整路径曲线，如图5-54所示。

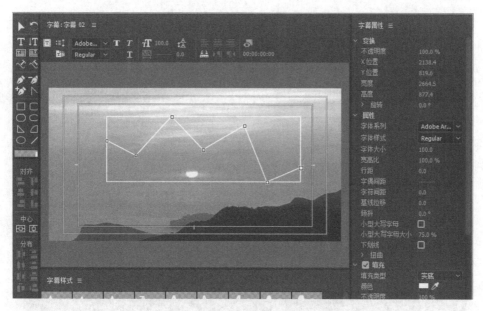

图 5-54　绘制路径曲线

5）再一次选择 工具，将字幕切换为文字输入状态，然后将文本粘贴在路径上，并设置字幕属性，调整字体、尺寸和行距等参数，如图 5-55 所示。

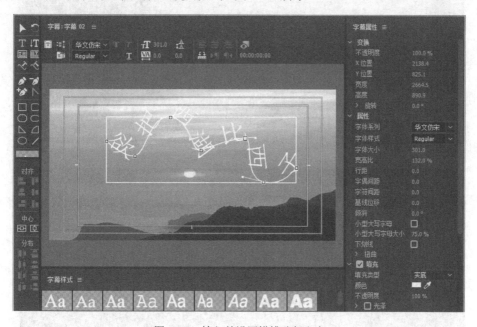

图 5-55　输入并设置横排路径文字

6）再打开"饮湖上初晴雨后二首.txt"文本文件，复制"淡妆浓抹总相宜"。

7）选择 工具，绘制曲线。绘制完成后，再次选择 工具，将字幕切换为文字输入状态，然后将文本粘贴到路径上，并设置字幕属性，调整字体、尺寸和行距等参数，如图 5-56 所示。

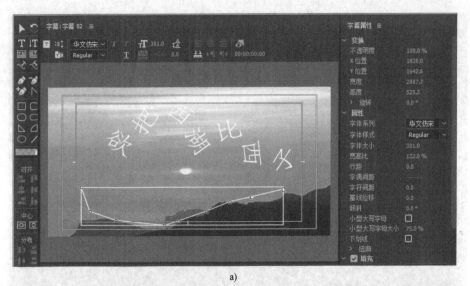

a)

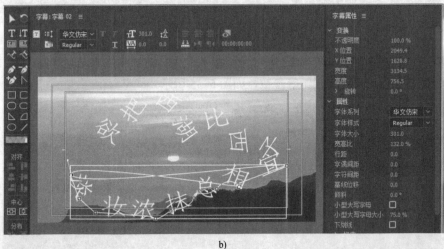

b)

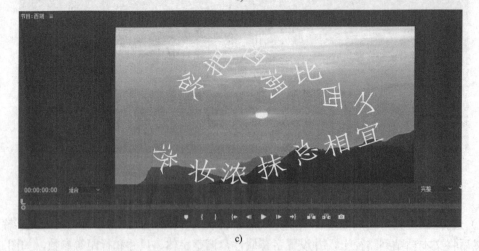

c)

图 5-56 输入并设置竖排路径文字

5.5 创建字幕样式

目标

掌握字幕字体、文字尺寸、填充、描边、阴影等不同文字效果的设置方法。

步骤

使用 Premiere 软件完成以下操作。

1）新建项目。

2）制作填充型文字。

3）制作划光文字。

4）制作纹理文字。

5）制作描边文字。

6）制作阴影文字。

7）保存字幕样式为新样式。

应用案例

1．新建项目

选择菜单命令"文件"→"新建"→"项目"，新建项目文件，名称为"字幕样式"。

2．制作填充型文字

1）选择菜单命令"文件"→"新建"→"字幕"，弹出"新建字幕"对话框，将字幕命名为"填充型文字 A"，单击"确定"按钮。

2）选择 T 工具，单击后输入"美丽人生"，并设置字幕属性，调整字体、尺寸和行距等参数，如图 5-57 所示。

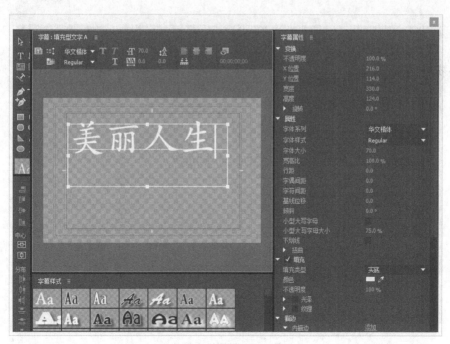

图 5-57　新建"填充型文字 A"

3）选择菜单命令"字幕"→"视图"→"安全字幕边距"，取消默认设置，将"安全字幕边距"线框隐藏，如图 5-58 所示。

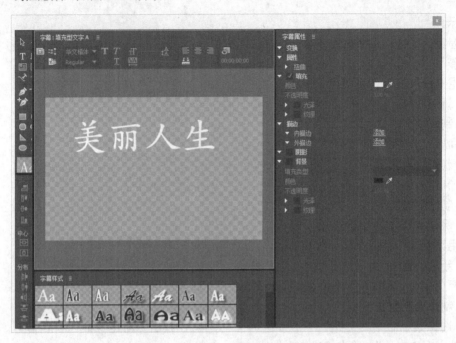

图 5-58　隐藏"安全字幕边距"线框

4）在"字幕属性"窗口的"填充"选项组中选择颜色，如图 5-59 所示。

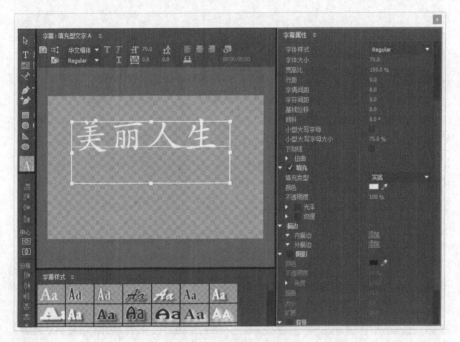

图 5-59　设置填充颜色

5）单击"字幕"窗口左上角的 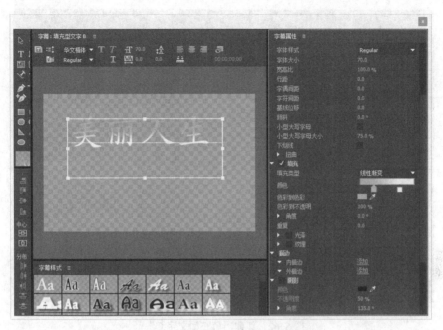 "基于当前字幕新建字幕"按钮，弹出"新建字幕"对话框，新建字幕，命名为"填充型文字 B"。设置字幕属性，选择"填充类型"为"线性渐变"。

6）单击"线性渐变"下的第一个色块，然后单击颜色拾取窗口，选择颜色，如图 5-60所示。

图 5-60　设置"线性渐变"颜色

7）选中第二个色块，设置"填充"属性，如图 5-61 所示。

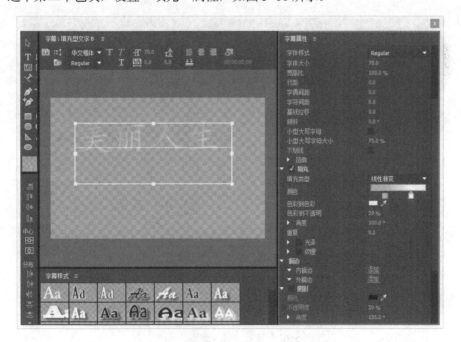

图 5-61　更改"线性渐变"角度及透明度

8）单击"字幕"窗口左上角的 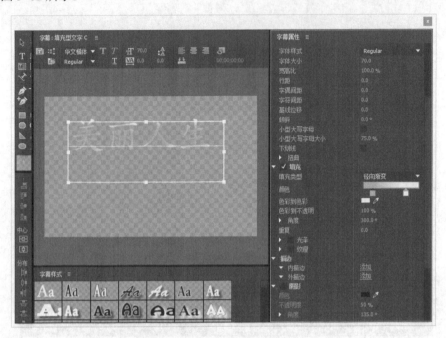 "基于当前字幕新建字幕"按钮，弹出"新建字幕"对话框，新建字幕，命名为"填充型文字 C"。设置字幕属性，选择"填充类型"为"径向渐变"，如图 5-62 所示。

图 5-62　新建"填充型文字 C"

9）选中第二个色块，设置"填充"属性，并将两个色块向两端移动，如图 5-63 所示。

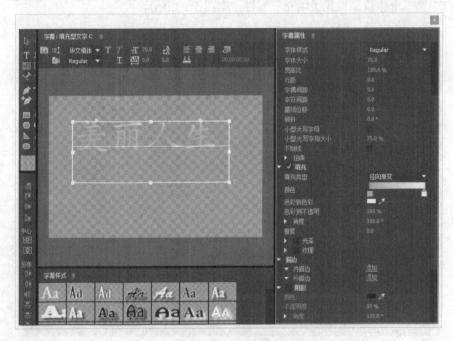

图 5-63　设置"径向渐变"颜色

10）单击"字幕"窗口左上角的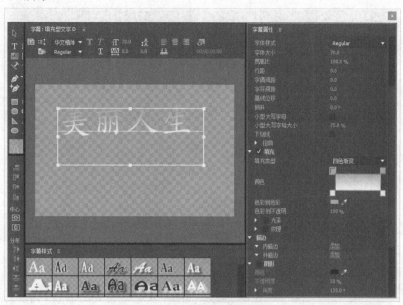"基于当前字幕新建字幕"按钮，弹出"新建字幕"对话框，新建字幕，命名为"填充型文字 D"。设置字幕属性，选择"填充类型"为"四色渐变"，如图 5-64 所示。

图 5-64 新建"填充型文字 D"

11）分别选择 4 个色块，修改其颜色。

12）单击"字幕"窗口左上角的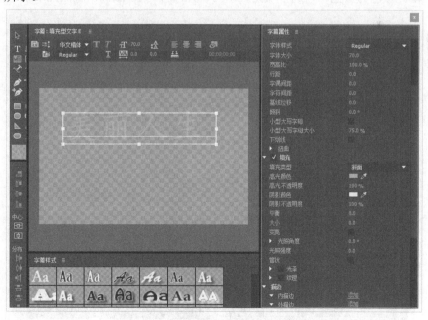"基于当前字幕新建字幕"按钮，弹出"新建字幕"对话框，新建字幕，命名为"填充型文字 E"。设置字幕属性，选择"填充类型"为"斜面"，如图 5-65 所示。

图 5-65 新建"填充型文字 E"

13）将"填充"中的"大小"设为 40，选"变亮"，查看初步的"斜面"效果。然后将"光照角度"设为135°，将"光照强度"设为50，勾选"管状"，如图 5-66 所示。

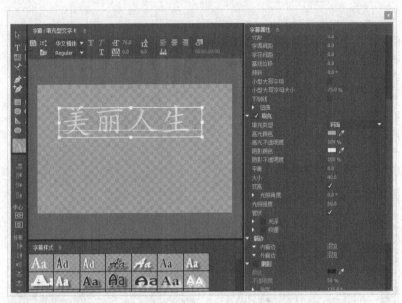

图 5-66　设置"斜面"效果

3．制作划光文字

1）选择菜单命令"文件"→"新建"→"字幕"，弹出"新建字幕"对话框，将字幕命名为"划光文字"，单击"确定"按钮。

2）选择 T 工具，在"字幕"窗口区域中单击后输入"美丽人生"。设置字幕属性，调整字体参数，填充颜色为黄色。勾选"填充"下的"光泽"，文字表面出现划光效果，如图 5-67所示。

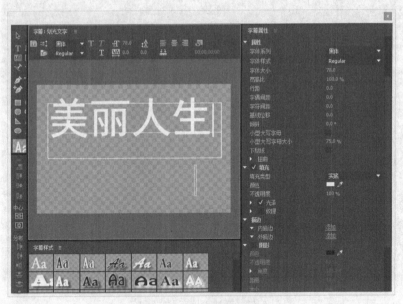

图 5-67　新建"划光文字"

3）设置"光泽"参数，如图 5-68 所示。

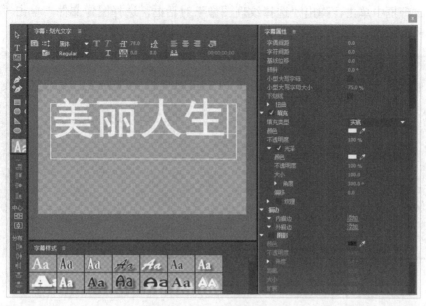

图 5-68 设置"光泽"参数

4. 制作纹理文字

1）选择菜单命令"文件"→"新建"→"字幕"，弹出"新建字幕"对话框，将字幕命名为"纹理文字"，单击"确定"按钮。

2）选择 🅣 工具，单击输入"美丽人生"。设置字幕属性，调整字体、尺寸等参数，填充颜色为白色。勾选"填充"下的"纹理"，添加"纹理"效果，如图 5-69 所示。

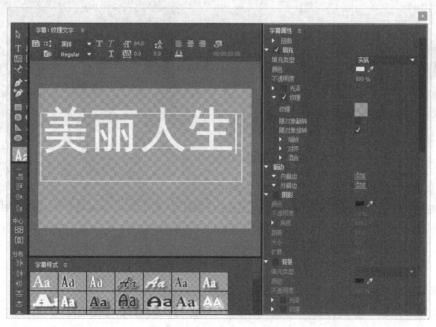

图 5-69 新建"纹理文字"

3）在纹理框中单击，弹出"选择纹理图像"对话框，选择图像文件，单击"打开"按钮，如图5-70所示。

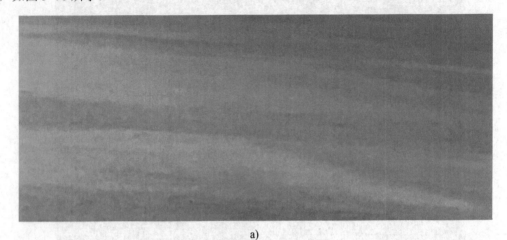

a)

b)

图5-70　选择纹理图像

4）再为文字添加白色的"描边"效果，如图5-71所示。

5）设置"纹理"参数，将"对齐"下的"规则Y"设置为"中央"，填充整个文字，如图5-72所示。

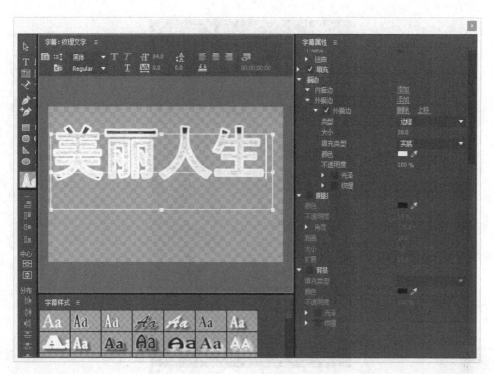

图 5-71　添加"描边"效果

图 5-72　缩放纹理图像

6）通过参数设置，得到不同的填充效果，如图 5-73 所示。

a)

b)

图 5-73　设置"纹理"填充

5．制作描边文字

1）选择菜单命令"文件"→"新建"→"字幕"，弹出"新建字幕"对话框，将字幕命名为"描边文字"，单击"确定"按钮。

2）选择 ■ 工具，单击后输入"美丽人生"，设置"字体"为"幼圆"，字体大小设置为
"regular"，填充蓝色，如图 5-74 所示。

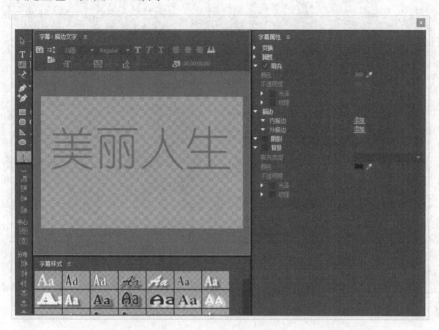

图 5-74　新建"描边文字"

3）在"描边"选项组下单击"外描边"后的"添加"，然后设置其中的参数项。再次单
击"内描边"后的"添加"，使用默认设置，如图 5-75 所示。

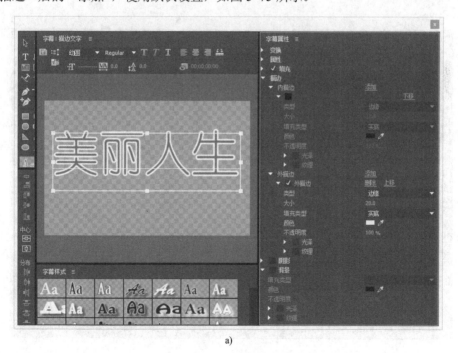

a)

图 5-75　添加内外描边

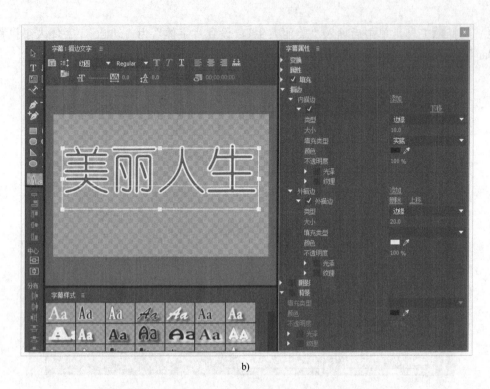

b)

图 5-75　添加内外描边（续）

4）内外描边效果可多次应用，例如，再次单击"外描边"后的"添加"，设置"外描边"，如图 5-76 所示。

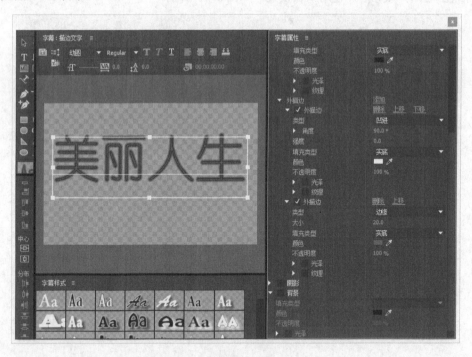

图 5-76　添加多个"外描边"

6．制作阴影文字

1）选择菜单命令"文件"→"新建"→"字幕"，弹出"新建字幕"对话框，将字幕命名为"阴影文字"，单击"确定"按钮。

2）选择 T 工具，单击后输入"美丽人生"。设置字幕属性，调整字体、尺寸，如图 5-77 所示。

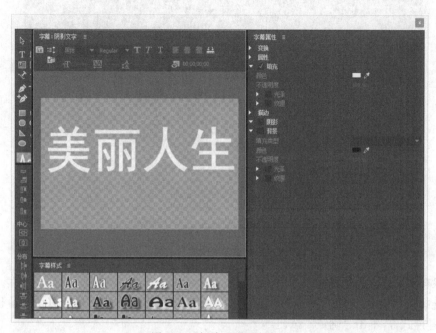

图 5-77　新建"阴影文字"

3）勾选"阴影"，添加"阴影"效果。单击 ⊙ 按钮，显示透明背景，如图 5-78 所示。

图 5-78　添加"阴影"

4）设置"阴影"参数，设为完全不透明的黑色阴影，如图5-79所示。

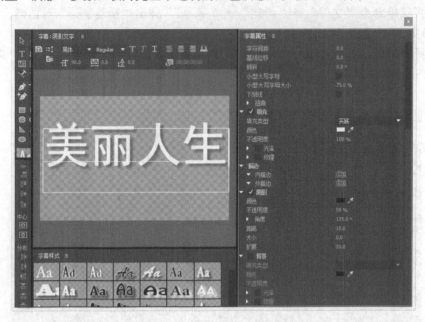

图5-79 设置"阴影"效果

7. 保存字幕样式为新样式

1）选择菜单命令"文件"→"新建"→"字幕"，弹出"新建字幕"对话框，将字幕命名为"字幕样式"，单击"确定"按钮。

2）选择 T 工具，单击后输入"美丽人生"。设置字幕属性，调整字体、尺寸。勾选"外描边"，设置"外描边"参数，如图5-80所示。

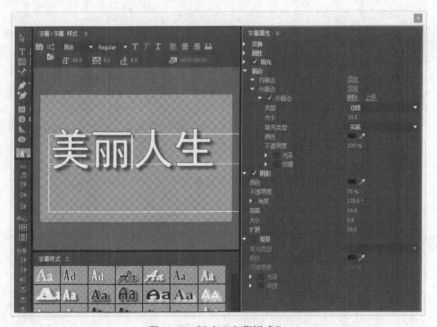

图5-80 新建"字幕样式"

3）选中字幕，在"字幕样式"窗口的右上角单击 按钮，在弹出的菜单中选择"新建样式"，新建名为"黑体 Regular 80"的字幕样式，如图 5-81 所示。

图 5-81 保存文字为新样式

4）新建样式后，在"字幕样式"窗口的最后面已自动增加一个新样式，如图 5-82 所示。

图 5-82 新增样式

5.6 图形绘制

目标

掌握使用基本的图形元素制作常用图示图形的方法。

步骤

使用 Premiere 软件完成以下操作。

1）新建项目。

2）绘制简单图形符号。

3）绘制流程图。

4）绘制立体图表。

应用案例

1．新建项目

选择菜单命令"文件"→"新建"→"项目"，新建项目文件，名称为"图形绘制"。

2．绘制简单图形符号

1）选择菜单命令"文件"→"新建"→"字幕"，弹出"新建字幕"对话框，将字幕命名为"简单图形符号"，单击"确定"按钮。

2）在字幕工具面板中选择 工具，拖动鼠标绘制一条直线；同时按住〈Shift〉键，可将直线画成水平、竖直或45°角方向。选择填充颜色，如图5-83所示。

图 5-83　绘制直线

3）在字幕工具面板中选择 工具，连续单击创建多个点，各点之间形成曲线。绘制完毕后，单击 后拖动曲线上的点，使曲线变得圆滑。选择 或 工具，可增减曲线上的锚点，如图5-84所示。

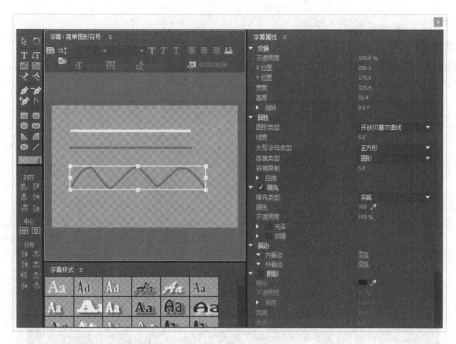

图 5-84 绘制曲线

4）利用 ✎工具和 ✎工具绘制箭头，或利用 ☐工具和 ◣工具，绘制填充颜色的实心箭头。可使用 ◣绘制两个图形，合并组成箭头，如图 5-85 所示。

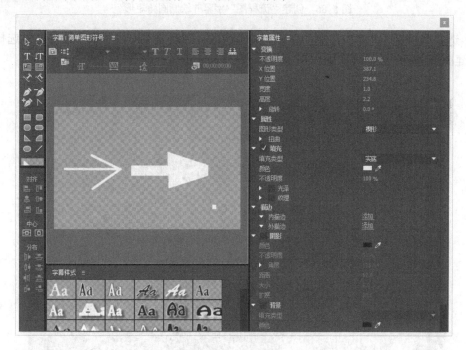

图 5-85 绘制箭头

3. 绘制流程图

1）选择菜单命令"文件"→"新建"→"字幕"，弹出"新建字幕"对话框，将字幕命名为"流程图"，单击"确定"按钮。

2）选择▢工具，在"字幕"窗口中单击并拖动，绘制圆角矩形，在"字幕属性"窗口中选择填充颜色，如图5-86所示。

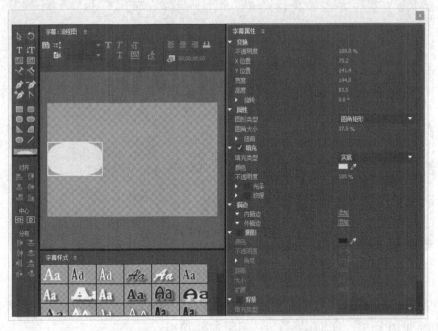

图 5-86　创建"流程图"字幕并绘制圆角矩形

3）选中圆角矩形并多次复制，粘贴到合适位置。通过复制产生了多个图形，再选择◢工具来创建图形之间的连线，如图 5-87 所示。

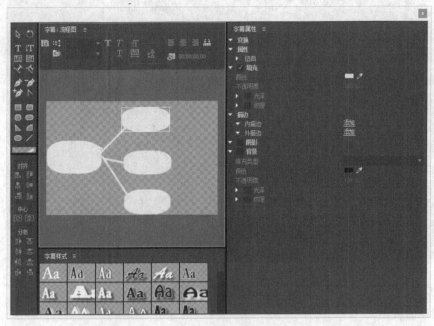

图 5-87　绘制流程图

172

4）输入需要的文字，设置合适的字体、大小和颜色，如图 5-88 所示。

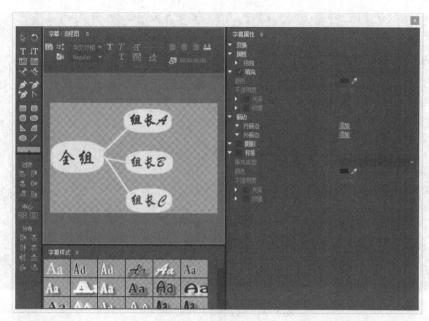

图 5-88　输入文字

4. 绘制立体图表

1）选择菜单命令"文件"→"新建"→"字幕"，弹出"新建字幕"对话框，将字幕命名为"图表"，单击"确定"按钮。

2）选择▰工具，拖动鼠标绘制一条横线，再在左部绘制一条竖线。选择▰工具，在横线的右端和竖线的顶端分别绘制箭头，如图 5-89 所示。

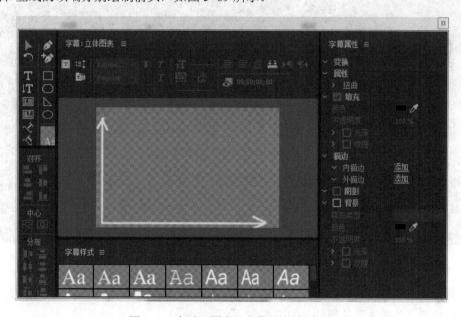

图 5-89　创建"图表"字幕并绘制坐标线

3）选择■工具，绘制矩形，选择填充颜色为黄色，如图 5-90 所示。

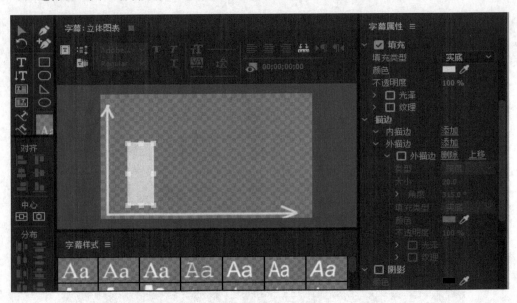

图 5-90　创建矩形并填充颜色

4）选中矩形并按〈Ctrl+C〉组合键复制，再按〈Ctrl+V〉组合键粘贴，并更改颜色和高度，如图 5-91 所示。

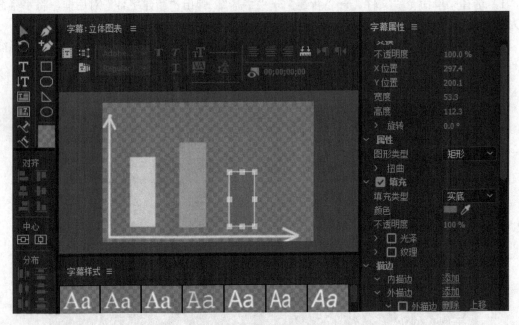

图 5-91　复制矩形

5）选中第一个矩形，在"描边"选项组中的"外描边"后单击"添加"，添加"外描边"，然后设置"外描边"的属性，如图 5-92 所示。

6）设置另外两个矩形。添加"外描边"效果，制作立体的柱状图表，如图 5-93 所示。

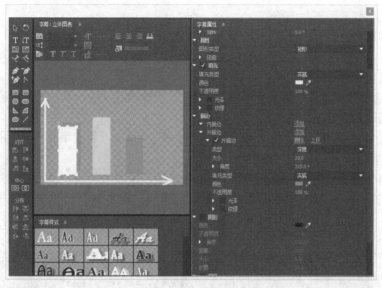

图 5-92　立体效果

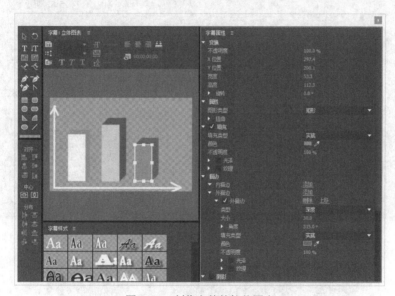

图 5-93　制作立体的柱状图表

5.7　字幕对齐和排列

目标

使用字幕工具中的对齐和排列工具进行排版。

步骤

使用 Premiere 软件完成以下操作。

1）新建项目。

2）创建图形和文字。

3）对图形和文字进行对齐排版。

4）绘制文字背景图形并调整。

5）保存字幕文件。

应用案例

1．新建项目

选择菜单命令"文件"→"新建"→"项目"，新建项目文件，名称为"对齐和排列"。

2．创建图形和文字

1）选择菜单命令"文件"→"新建"→"字幕"，弹出"新建字幕"对话框，将字幕命名为"书单推荐"，单击"确定"按钮。

2）在字幕工具面板中选择□工具，单击并拖动，绘制大矩形，然后在"字幕属性"窗口中单击"填充"→"颜色"后面的色块图标，弹出"拾色器"对话框设置填充颜色，如图 5-94 所示。

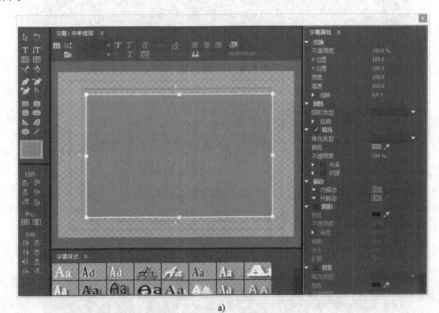

a)

b)

图 5-94　绘制矩形 1

3）选择□工具，再新建矩形，设置填充颜色，如图 5-95 所示。

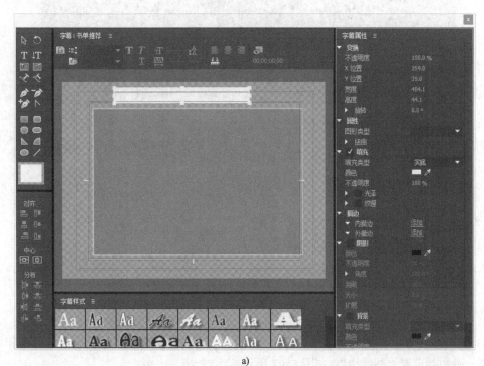

a)

b)

图 5-95 绘制矩形 2

4）选择Ⅰ工具按钮，在文本框输入文字"一千零一夜"，设置字幕属性，调整字体、尺寸、行距和填充颜色等，如图 5-96 所示。

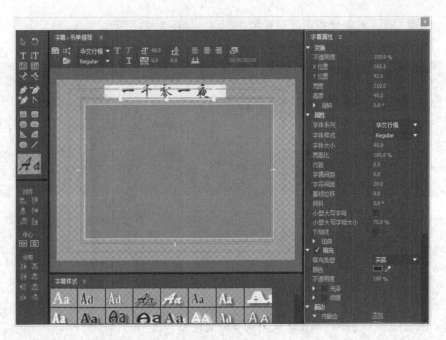

图 5-96　输入文字 1

5）再创建文本框并输入文字"王国维"，设置字幕属性，调整字体、尺寸、行距和填充颜色等，添加并设置"外描边"，如图 5-97 所示。

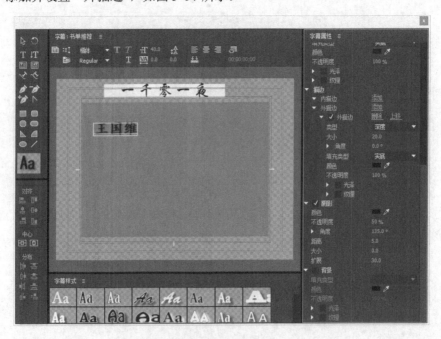

图 5-97　输入文字 2

6）再输入文字"人间词话"，设置字幕属性，调整字体、尺寸、行距和填充颜色等参数，添加并设置"阴影"，如图 5-98 所示。

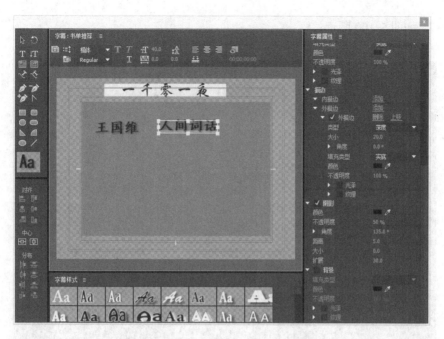

图 5-98　输入文字 3

7）用同样的方法依次输入"张爱玲""费孝通""金庸""余华"及其书目名称"倾城之恋""乡土中国""天龙八部""活着"，如图 5-99 所示。

图 5-99　输入文字 4

3. 对图形和文字进行对齐排版

1）选中大矩形，分别单击左侧工具面板中的 "垂直居中"，和 "水平居中"，确保大矩形位于屏幕的中央。选中小矩形，单击 "水平居中"，再单击"一千零一夜"，单击

"水平居中"，如图 5-100 所示。

图 5-100　设置对齐方式

2）确定好"王国维"和"余华"两段首尾文字的位置，按住〈Shift〉键将作者名全部选中，分别单击■"竖直平均排列"工具，和■"水平平均排列"工具，文字均匀整齐排列，如图 5-101 所示。

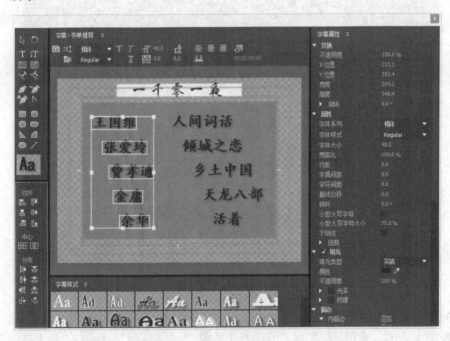

图 5-101　排列文字 1

3）用同样的方法排列第二列文字，如图 5-102 所示。

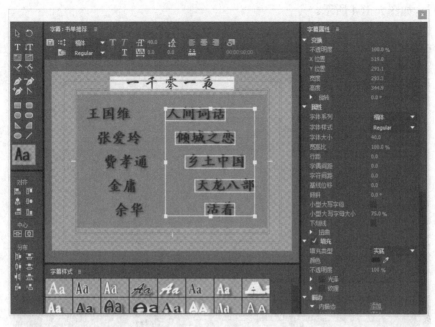

图 5-102　排列文字 2

4．绘制文字背景图形并调整

1）选择⬭工具，在"人间词话"处绘制 "切角矩形"，然后再复制 4 次，放置在其他书目文字处，这些矩形都覆盖在文字上面，如图 5-103 所示。

图 5-103　绘制并复制矩形

2）配合〈Shift〉键全选 5 个切角矩形，连续多次按〈Ctrl+［〉组合键，将切角矩形移动到文字下面，如图 5-104 所示。

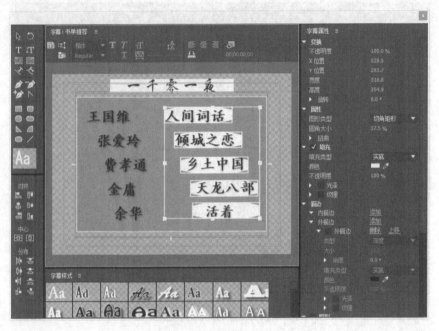

图 5-104　下移黄色矩形

3）确定好首尾两个切角矩形的位置，配合〈Shift〉键全选切角矩形，单击■ "竖直平均排列" 和■ "水平平均排列" 按钮，矩形均匀整齐排列，如图 5-105 所示。

图 5-105　排列矩形

完成字幕对齐和排列的最后效果如图 5-106 所示。

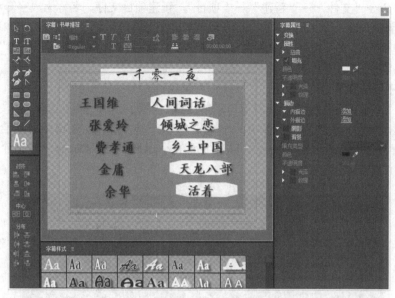

图 5-106　最后的效果图

5. 保存字幕文件

选择菜单命令"文件"→"另保为"，选择"素材文件\教材-素材\实例 29"，打开文件夹，保存项目文件为"对齐和排列.prproj"。

5.8　字幕动画制作

目标

掌握制作各部分元素具有独立动画效果的字幕的方法。

步骤

使用 Premiere 软件完成以下操作。

1）保存字幕文件。

2）新建项目。

3）导入字幕文件。

4）按顺序拆分字幕。

5）分离其他字幕。

6）设置字幕动画。

应用案例

1. 保存字幕文件

1）选择菜单命令"文件"→"打开"，选择"素材文件\教材-素材\实例 29"，打开文件夹，双击"对齐和排列.prproj"，打开项目文件。

2）选中"项目"窗口中的"书单推荐"，选择菜单命令"文件"→"导出"→"字幕"，弹出"另存为"对话框，将文件命名为"书单推荐"，选择保存地址为"素材文件\教材-素材\实例 30"，单击"确定"按钮。

2．新建项目

选择菜单命令"文件"→"新建"→"项目"，新建项目文件，名称为"字幕动画"。

3．导入字幕文件

选择菜单命令"文件"→"导入"，选择"素材文件\教材-素材\实例 30"，打开文件夹，选择"书单推荐"，导入到"项目"窗口中。

4．按顺序拆分字幕

1）打开"书单推荐"的"字幕"窗口，单击█ "基于当前字幕新建字幕"，弹出"新建字幕"对话框，将字幕命名为"字幕 01"，单击"确定"按钮。按〈Ctrl+A〉组合键全选字幕中的元素，再按住〈Shift〉键单击大矩形和上面的小矩形，按〈Delete〉键删除当前被选元素，如图 5-107 所示。

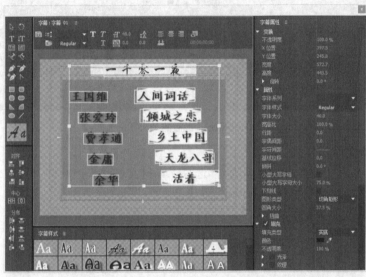

a)

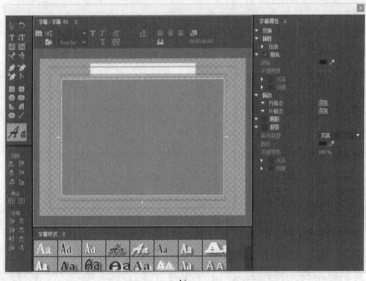

b)

图 5-107　删除被选部分，创建"字幕 01"

184

2）双击打开"书单推荐"的"字幕"窗口，单击"字幕"窗口左上角的■按钮，弹出"新建字幕"对话框，将字幕命名为"字幕 02"，单击"确定"按钮。按〈Ctrl+A〉组合键全选字幕中的元素，再按住〈Shift〉键单击大矩形和其中的黄色切角矩形，按〈Delete〉键删除当前被选元素，如图 5-108 所示。

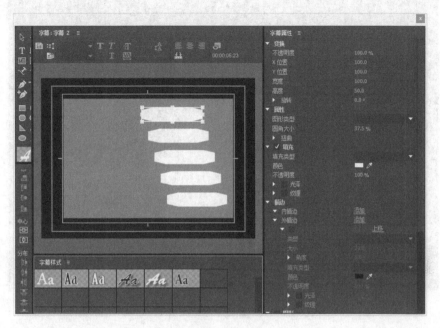

图 5-108　删除被选部分，创建"字幕 02"

3）按照相同步骤，在"字幕 02"的基础上只留下左边的作者名，按〈Delete〉键删除其他元素，如图 5-109 所示。

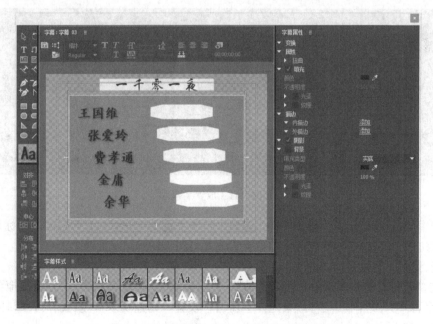

图 5-109　删除被选部分，创建"字幕 03"

5．分离其他字幕

双击打开"书单推荐"的"字幕"窗口，单击![icon]，新建字幕"文字1"，如图5-110所示。

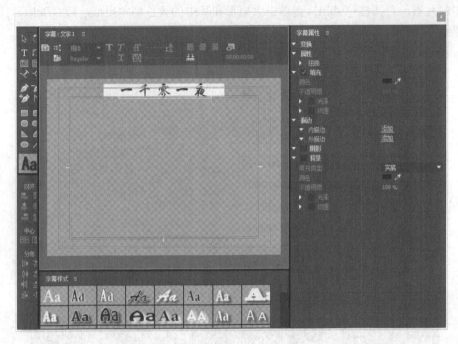

图5-110　新建字幕"文字1"

6．设置字幕动画

1）将"字幕01""字幕02""字幕03"和"书单推荐"拖至"视频1"轨道中，将"文字1"拖至"视频2"轨道中，时间长度均设为3秒，如图5-111所示。

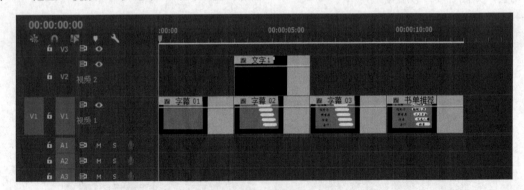

图5-111　放置字幕

2）选中"文字1"，在"效果控件"窗口中单击"运动"→"位置"前面的图标，添加关键帧，再将时间停在第3秒0帧处，将位置设为（-180，288），从而产生"一千零一夜"字样从左边飞入到中间的效果，如图5-112所示。

3）在"效果"窗口中选择"视频过渡"→"溶解"→"交叉溶解"，并将其拖至"字幕02"和"字幕03"之间。在"效果控件"窗口中设置"起点切入"，设置"持续时间"为1秒，如图5-113所示。

186

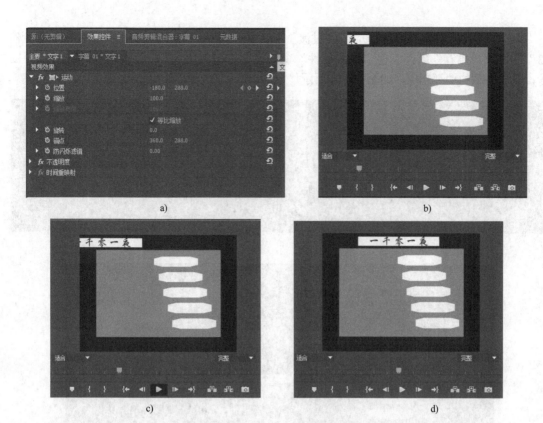

图 5-112　设置"文字 1"的动画

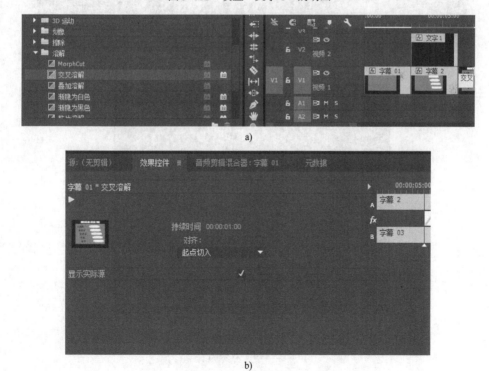

图 5-113　为"字幕 02"和"字幕 03"添加过渡

4）在"效果"窗口中选择"视频过渡"→"擦除"→"渐变擦除"并将其拖至"字幕03"和"书单推荐"之间。在"效果控件"窗口设置"起点切入"，设置"持续时间"为12秒，完成字幕的动画制作，如图5-114所示。

a)

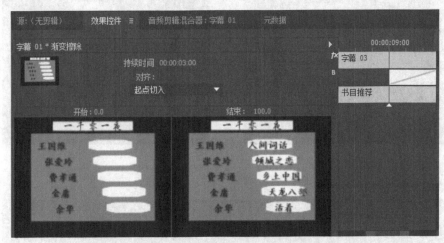

b)

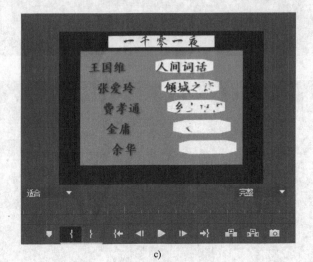

c)

图5-114 效果图

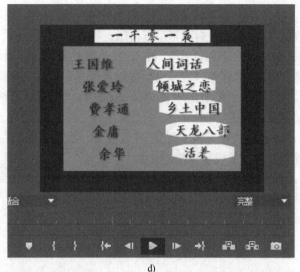

d)

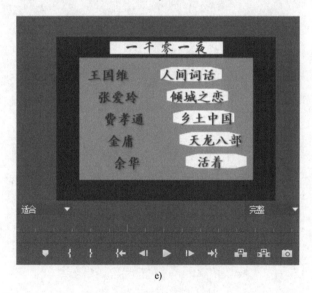

e)

图 5-114　效果图（续）

5.9　思考与练习

1．思考题

1）滚动字幕在设置时需要注意什么？如何制作新的字幕样式？

2）对齐和排列中有什么技巧？有哪些常用的字幕动画？

2．练习题

1）新建项目文件，命名为"简单字幕"，导入 4 个图片素材"雕像""树木""小径"和"钟楼"，使用本章的相关方法为图片添加字幕，做成新视频。

2）新建项目文件，命名为"滚动字幕"，导入 2 个图片素材"寻隐者不遇"和"生于忧患"，还有 txt 文件"诗"，使用本章的相关方法添加字幕，并添加滚动效果，做成新视频。

3）新建项目文件，命名为"字幕排版"，导入 2 个图片素材"寻隐者不遇"和"生于忧患"，还有 txt 文件"诗"，添加字幕并对字幕进行排版，做成新视频。

4）新建项目文件，命名为"字幕样式"，导入 2 个图片素材"寻隐者不遇"和"生于忧患"，还有 txt 文件"诗"，添加字幕并对字幕进行排版，保存为新的字幕样式。

5）新建项目文件，命名为"图形绘制"，导入 txt 文件"电视节目预告"，使用本章的相关方法绘制图形和添加字幕，做成新视频。

6）新建项目文件，命名为"对齐和排列"，导入第 5）题完成的文件，使用本章的相关方法对字幕进行对齐和排列处理，做成新视频。

7）新建项目文件，命名为"字幕动画"，导入 1 个 txt 文件"奥运会"，使用本章的相关方法添加字幕动画，做成新视频。

第6章　宣传片——校园导览

在各类场合，都可以看到相应主题的宣传片。宣传片除了让人们更好地了解相关内容，一段好的宣传片还能成为视频营销艺术品，给人留下深刻印象，产生高效的宣传效果。确定宣传主题后，采集宣传素材、宣传文字、背景音乐，综合、合理地使用过渡、特效等剪辑素材，这是宣传片的一般制作过程。通过本章的学习，能够掌握校园宣传片的基本制作方法，为各类题材宣传片的制作打下基础。

6.1　准备工作

6.1.1　目标

掌握使用剪辑工具将原始素材进行分类剪辑的方法；掌握利用素材来制作片头和片花的方法。

6.1.2　步骤

使用 Premiere 软件完成以下操作。

1. 准备素材

1）新建项目。

2）导入素材文件。

3）剪辑分割原始素材。

2. 制作片头

1）准备片头音乐。

2）准备片头素材。

3）为片头素材调整亮度和添加过渡。

4）为片头素材建立字幕。

5）为片头画面放置字幕。

3. 制作片花

1）准备片花 1 音乐。

2）创建"片花 1-1"序列。

3）创建"片花 1-2"序列。

4）合成片花 1。

4. 剪辑宣传片

1）整理"项目"窗口内容。

2）添加背景音乐。

5．输出宣传片

1）渲染视频实时播放。

2）导出视频文件。

6.2 准备素材

1．新建项目

选择菜单命令"文件"→"新建"→"项目"，新建项目文件，名称为"广外宣传片"。

2．导入素材文件

1）选择菜单命令"文件"→"导入"，选择"素材文件\教材-素材\实例 31"，打开文件夹，将其中所有素材导入"项目"窗口中。

2）在"项目"窗口中新建相应的"素材箱"和"序列"。选择菜单命令"文件"→"新建"→"素材箱"，新建素材箱并命名为"广外宣传片"，选择导入的 6 个素材文件，将其拖至"广外宣传片"素材箱中，如图 6-1 所示。

图 6-1　导入素材

3）将序列"序列 01"改名为"原始素材剪辑"。

4）选择菜单命令"文件"→"新建"→"素材箱"，分别创建两个素材箱，并命名为"字幕"和"嵌套序列"。

5）选择菜单命令"文件"→"新建"→"序列"，新建"广外宣传片""片头""片花 1"3 个序列，如图 6-2 所示。

3．剪辑分割原始素材

1）打开"原始素材剪辑"序列窗口，将原始素材拖至序列中。

2）长度大约为 1 分钟、内容是广外校区视频素材的"原始素材剪辑"分为 5 个部分：图书馆 1、操场 1、俯瞰语心湖、语心湖和黑天鹅 1。在序列中将时间移至主要镜头的分割点处并分别使用"剃刀"工具分割素材，分割点依次为第 6 秒 7 帧处、8 秒处、9 秒 18 帧处、17 秒 5 帧处、20 秒 1 帧处、34 秒 20 帧处、38 秒 8 帧处、54 秒 23 帧处、58 秒 18 帧处、1 分 12 秒 19 帧处、1 分 19 秒 5 帧处，分割后再右击并选择"取消链接"，将音频删除，如图 6-3 所示。

图 6-2　创建序列

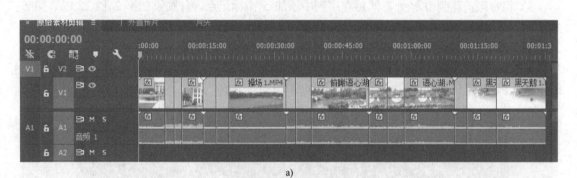

a)

b)

图 6-3　分割镜头

6.3　制作片头

1．准备片头音乐

1）在序列窗口中单击"片头"标签，打开其序列窗口，在"项目"窗口中，从"广外宣传片"文件夹下将片头音乐"梨花又开放.mp3"拖至"片头"序列的音频轨道中，如图 6-4 所示。

2）播放音频，使用"剃刀"工具分割从开始到第 15 秒 18 帧的部分，并选中后一部分，按〈Delete〉键将其剪切掉。

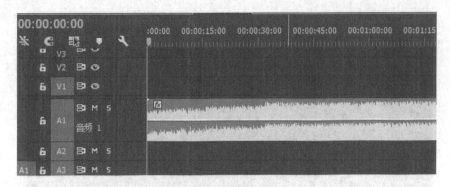

图 6-4　放置音频素材

3）将音频前移到 0 帧处，然后在序列中添加 5 个标记点，分别设在第 2 秒 22 帧、第 5 秒 7 帧、第 8 秒 2 帧、第 11 秒 7 帧及第 13 秒 13 帧处。这样将 15 秒 18 帧的音频分为 6 段，其中第一段用于制作"图书馆 1"的内容、第二段用于制作"操场 1"的内容、第三段用于制作"俯瞰语心湖"的内容、第四段用于制作"语心湖"的内容，第五段用于制作"黑天鹅 1"的内容，第六段对应显示标题字幕的时间段，如图 6-5 所示。

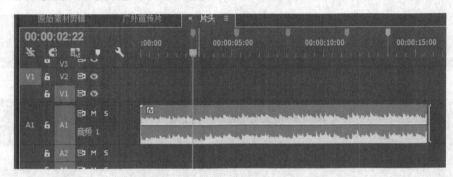

图 6-5　为音频分段并添加标记点

2. 准备片头素材

打开"原始素材剪辑"序列窗口，从中选取部分镜头，作为制作片头的素材。依次选取第 6 秒 7 帧、第 17 秒 5 帧、第 34 秒 20 帧、第 54 秒 23 帧和第 1 分 12 秒 19 帧开始的 5 个镜头。将 5 个镜头选中后复制，然后打开"片头"序列窗口，选中"视频 1"轨道后粘贴，从而将这 5 个素材复制到"视频 1"轨道中，如图 6-6 所示。

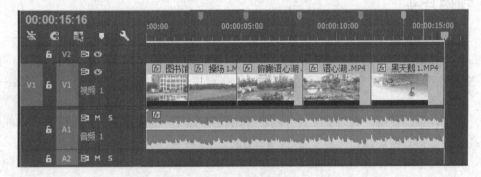

图 6-6　复制素材

3. 为片头素材调整亮度和添加过渡

1）预览素材，会发现"语心湖"部分的素材亮度较暗，对比度不高。在"效果"窗口中选择"视频效果"→"调整"→"自动对比度"，并将其拖至序列中 7～10 秒之间"语心湖"部分的素材上，添加"自动对比度"效果以改善画面，如图 6-7 所示。

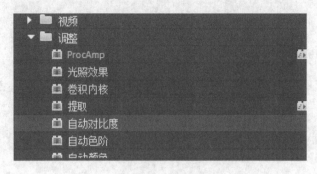

图 6-7 添加"自动对比度"效果

2）在添加"自动对比度"效果之后，其前后的变化很大，如图 6-8 所示。

a)

b)

图 6-8 添加"自动对比度"效果前后的对比

3）打开"效果"窗口，选择"视频过渡"→"擦除"→"双侧平推门"，并将其拖至"视频 1"轨道中第 0 秒，为开头添加过渡效果，对齐方式为"起点切入"，持续时间设为 1 秒，如图 6-9 所示。

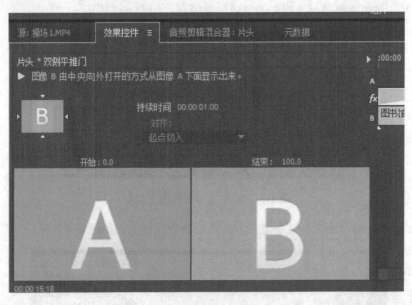

图 6-9　添加"双侧平推门"过渡

4）打开"效果"窗口，选择"视频过渡"→"擦除"→"渐变擦除"，并将其拖至序列中的"操场"与"俯瞰语心湖"、"俯瞰语心湖"与"语心湖"、"语心湖"与"黑天鹅"之间，在"效果控件"窗口中设置对齐方式为"中心切入"，持续时间为 1 秒，如图 6-10 所示。

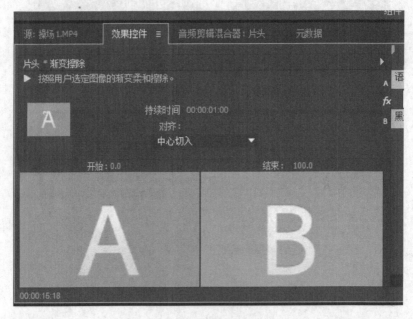

图 6-10　添加"渐变擦除"过渡

4．为片头素材建立字幕

1）选择菜单命令"文件"→"新建"→"字幕"，弹出"新建字幕"对话框，将字幕命名为"图书馆"，单击"确定"按钮。单击■按钮，输入文字"图书馆"，设置字体为"华文行楷"，字体大小为100，字距为0，填充的颜色为RGB（10，11，11），如图6-11所示。

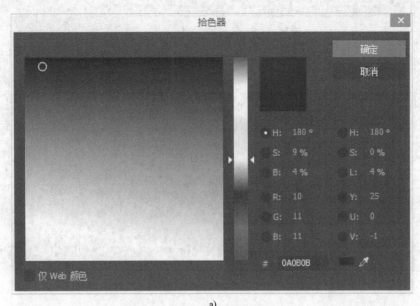

a)

b)

图6-11　设置字体

2）在左上角单击■按钮，创建"操场"字幕，同样，再依次创建"俯瞰语心湖""语心湖""黑天鹅"3个字幕，如图6-12所示。

a)

b)

图 6-12 创建字幕

c)

d)

图 6-12　创建字幕（续）

5. 为片头画面放置字幕

1）分别将"图书馆""操场""俯瞰语心湖""语心湖""黑天鹅"5 个字幕拖至"片头"序列"视频 2"轨道中，与"视频 1"轨道中 5 个视频的时间对齐，如图 6-13 所示。

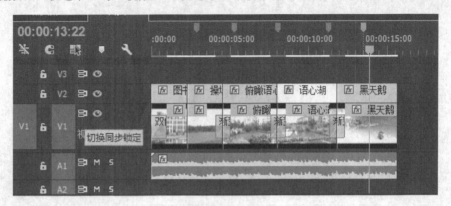

图 6-13　放置字幕

2）打开"效果"窗口，选择"视频过渡"→"划像"→"交叉划像"，并将其拖至视频 2 轨道中的第 1 个字幕"图书馆"的开始处，并设置 1 秒的持续时间，如图 6-14 所示。

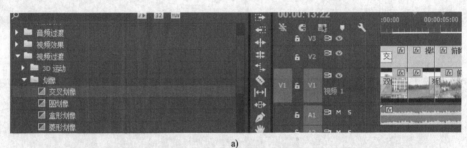

a)

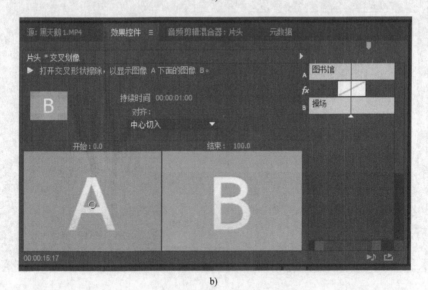

b)

图 6-14　添加"交叉划像"过渡

3）在第二个字幕结尾添加"圆划像"过渡，第三个字幕结尾添加"盒形划像"过渡，第四个字幕结尾添加"菱形划像"过渡，如图6-15所示。

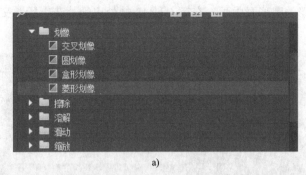

a)

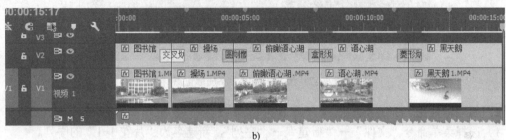

b)

图6-15　为其他字幕添加过渡

6.4　制作片花

1. 准备片花1音乐

1）在序列窗口中单击"片花1"标签，打开其序列窗口。在"项目"窗口中，从"广外宣传片"文件夹下将音乐"梨花又开放.mp3"拖至"片花1"序列的"音频1"轨道中。

2）播放音频效果，截取1分0秒12帧～1分10秒11帧这一段音乐作为背景音乐，其他部分删除。将时间移至1分0秒12帧处，通过 "剃刀"工具将其分割开；然后再将时间移至1分10秒11帧处，再通过 "剃刀"工具将其分割开。在分割开的前一部分音频素材上右击，然后在弹出的快捷菜单中选择"波纹删除"将其删除，后面的素材按同样的方法删除，如图6-16所示。

图6-16　剪辑音乐

3）仔细听这段音乐，在序列中适当的位置单击■按钮，分别在第 2 秒 10 帧及第 6 秒 12 帧处添加两个标记点，如图 6-17 所示。整个画面出现 4 个画中画的画面，然后在第 2 秒 10 帧处从中间出现一个扇形的圆形画中画，在第 6 秒 12 帧处出现片花小标题文字，到第 10 秒处结束。

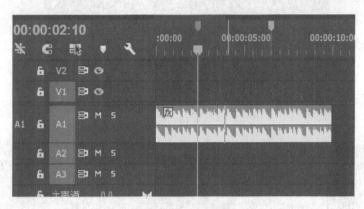

图 6-17　为音乐分段并添加标记点

2. 创建"片花 1-1"序列

1）选择菜单命令"文件"→"新建"→"序列"，新建名为"片花 1-1"的序列。

2）双击打开素材箱"广外宣传片"，双击打开"图书馆 1"，将时间移至第 2 秒处，按〈I〉键设置入点，再将时间移至第 12 秒，按〈O〉键设置出点，将这个片段复制到"片花 1-1"序列的"视频 1"轨道中。

3）双击打开"操场 1"，在 1 秒 20 帧设置入点，在 11 秒 20 帧设置出点，将这个片段复制到"片花 1-1"序列的"视频 2"轨道中。

4）双击打开"俯瞰语心湖"，在 2 秒 15 帧设置入点，在 12 秒 15 帧设置出点，将这个片段复制到"片花 1-1"序列的"视频 3"轨道中。

5）双击打开"语心湖"，在 1 秒 20 帧设置入点，在 11 秒 20 帧设置出点，截取长度为 10 秒的片段，将这个片段复制到"片花 1-1"序列的"视频 4"轨道中，如图 6-18 所示。

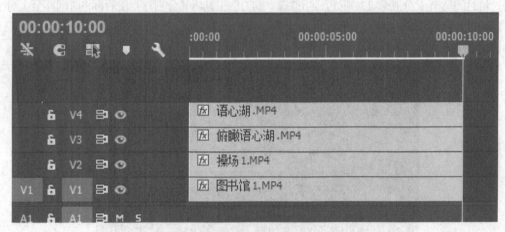

图 6-18　截取和放置素材 1

6）选择"视频 4"轨道中的素材，选择"效果控件"→"运动"，设置"缩放"为 50，"位置"为（540，177），如图 6-19 所示。

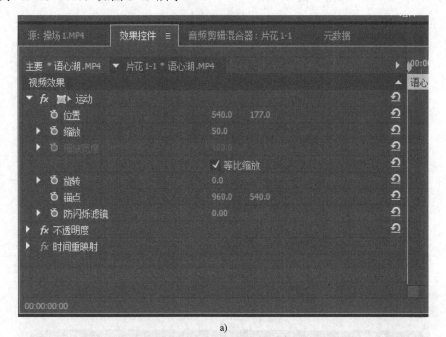

a)

b)

图 6-19　设置第四段素材的大小和位置

7）选择"视频 3"轨道中的素材，选择"效果控件"→"运动"，设置"缩放"为 50，"位置"为（540，396），如图 6-20 所示。

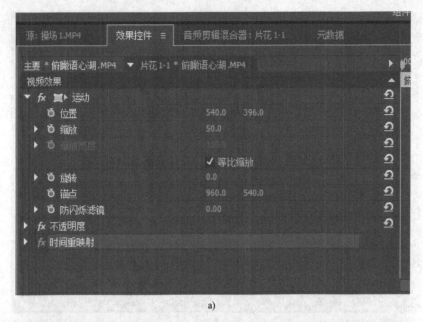

a)

b)

图 6-20 设置第三段素材的大小和位置

8）选择"视频 2"轨道中的素材，选择"效果控件"→"运动"，设置"运动"属性，如图 6-21 所示。

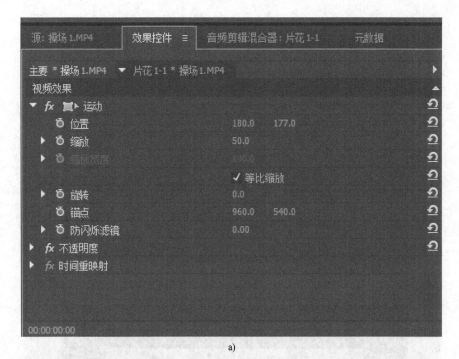

a)

b)

图 6-21　设置第二段素材的大小和位置

9）选择"视频 1"轨道中的素材，选择"效果控件"→"运动"，设置"运动"属性，如图 6-22 所示。

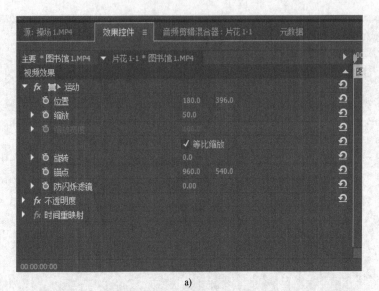

图 6-22　设置第一段素材的大小和位置

3．创建"片花 1-2"序列

1）选择菜单命令"文件"→"新建"→"序列"，新建名为"片花 1-2"的序列。

2）在"源"窗口中，在 1 分 13 秒 15 帧处设置入点，在 1 分 17 秒 15 帧处设置出点，选取一个 4 秒长的视频，将该片段复制到"片花 1-2"序列的"视频 1"轨道中，如图 6-23 所示。

3）选择菜单命令"文件"→"新建"→"字幕"，打开"新建字幕"对话框，将字幕命名为"扇形轮廓"，单击 按钮，绘制一个大扇形，宽和高设为 450，旋转角度设为 45，如图 6-24 所示。

图 6-23　截取和放置素材 2

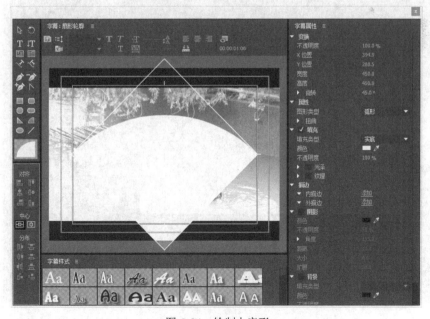

图 6-24　绘制大扇形

4）取消选择该扇形的"填充"选项并添加"内描边"，将其"内描边"的"大小"设为10，"颜色"设为黑色。分别单击<!-- button -->按钮和<!-- button -->按钮确保其居中，如图 6-25 所示。

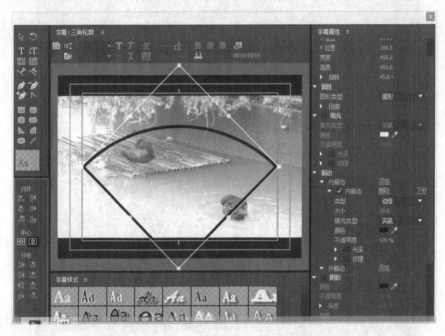

图 6-25　设置大扇形

5）用同样的方法再绘制一个小扇形，取消选择其"填充"选项，添加"内描边"，将其"大小"设为 5，"颜色"设为黑色。分别单击<!-- button -->按钮和<!-- button -->按钮确保其居中，如图 6-26 所示。

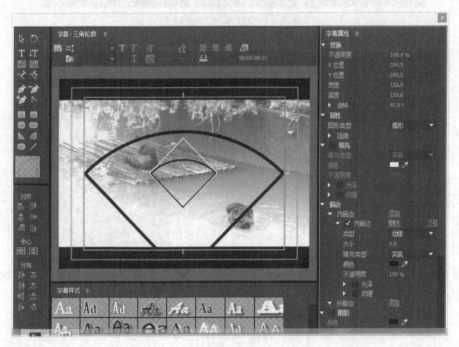

图 6-26　绘制小扇形

6）单击 ■ 按钮，新建名为"大扇形"的字幕，选中大扇形，填充为灰白色，如图 6-27 所示。

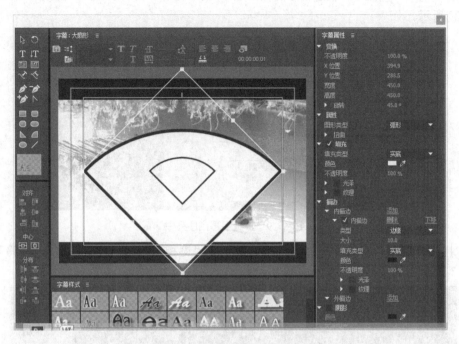

图 6-27　新建字幕"大扇形"

7）单击 ■ 按钮，新建名为"小扇形"的字幕，先选中大扇形，将其删除，然后选中小扇形，填充为任意颜色，如图 6-28 所示。

图 6-28　新建字幕"小扇形"

8）将字幕"大扇形"拖至"视频 2"轨道中，字幕"小扇形"拖至"视频 3"轨道中，"扇形轮廓"拖至"视频 3"轨道上方的空白处，"扇形轮廓"自动添加到"视频 4"轨道中，如图 6-29 所示。

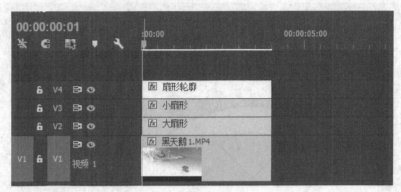

图 6-29　放置字幕到序列中

9）打开"效果"窗口，选择"视频效果"→"键控"→"轨道遮罩键"，并将其拖至"视频 1"轨道中的素材上，如图 6-30 所示。

图 6-30　添加"轨道遮罩键"效果

10）选中"视频 1"轨道中的素材，选择"效果控件"→"轨道遮罩键"，设置"轨道遮罩键"属性，将"遮罩"设为"视频 2"后，大扇形的形状范围内将显示出素材图像，如图 6-31 所示。

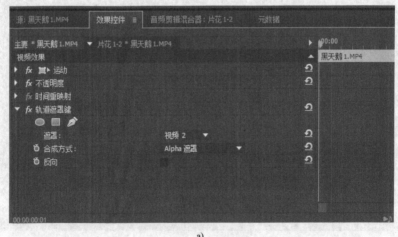

a）

图 6-31　添加第一个"轨道遮罩键"效果

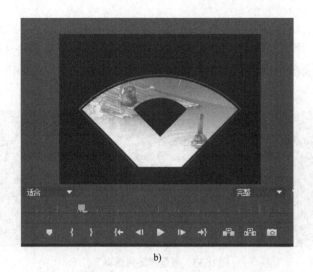

b)

图 6-31　添加第一个"轨道遮罩键"效果（续）

11）添加并设置第二个"轨道遮罩键"，将"遮罩"设为"视频 3"，打开"反向"开关选项，将小扇形形状范围内的素材图像移除，如图 6-32 所示。

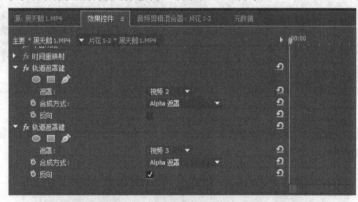

a)

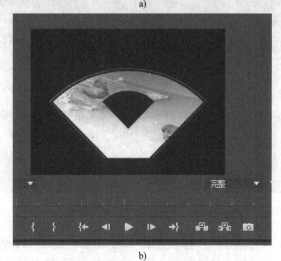

b)

图 6-32　添加第二个"轨道遮罩键"效果

4．合成片花 1

1）在"片花 1"序列窗口中，选择菜单命令"文件"→"新建"→"颜色遮罩"，新建名为"颜色遮罩"的任意颜色的遮罩，并将其拖至序列的"视频 1"轨道中，长度设为 10 秒，如图 6-33 所示。

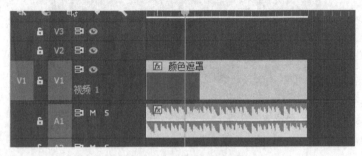

图 6-33　创建"颜色遮罩"

2）打开"效果"窗口，选择"视频效果"→"生成"→"四色渐变"，并将其拖至"视频 1"轨道中的"颜色遮罩"上，添加"四色渐变"效果，如图 6-34 所示。

图 6-34　添加"四色渐变"效果

3）选择"颜色遮罩"，将时间移至第 0 帧处，设置"四色渐变"效果的属性"位置和颜色"，如图 6-35 所示。

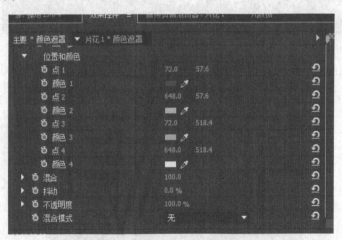

图 6-35　设置"四色渐变"效果

4）将时间移至第 3 秒 8 帧处，打开"点 1"前的动画切换开关，设置"位置和颜色"；将时间移至第 6 秒 16 帧处，设置"位置和颜色"；再将时间移至第 9 秒 24 帧处，设置"位置和颜色"，如图 6-36 所示。

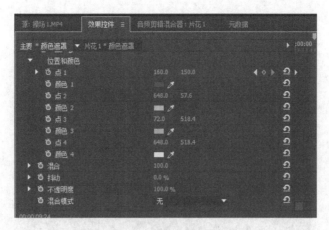

图 6-36 几个关键帧设置

5）在"视频 2"轨道中第 0 帧处添加"片花 1-1"，"视频 3"轨道中第 2 帧处添加"片花 1-2"，如图 6-37 所示。

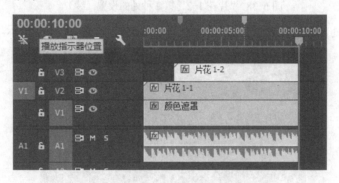

图 6-37 放置"片花 1-1"和"片花 1-2"

6）选中"视频 3"轨道中的"片花 1-2"，打开"效果控件"窗口，设置"运动"属性，添加关键帧动画。在第 3 秒处，分别设置"位置""缩放"和"旋转"，如图 6-38 所示。

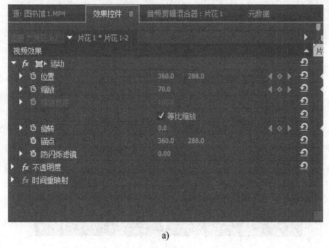

a)

图 6-38 "片花 1-2"第 2 秒处的设置

b)

图 6-38 "片花 1-2" 第 2 秒处的设置（续）

7）在第 1 秒处，分别设置"位置""缩放"和"旋转"，如图 6-39 所示。

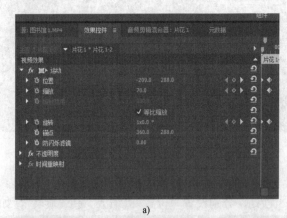

a)

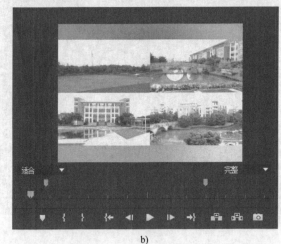

b)

图 6-39 "片花 1-2" 第 1 秒处的设置

8）选中"片花 1-1"，打开"效果控制"窗口，设置"运动"属性。取消选择"等比缩放"，设置"缩放宽度"为 90，使其画面的边缘显示在屏幕中，如图 6-40 所示。至此，已完成片花动画部分的设置。

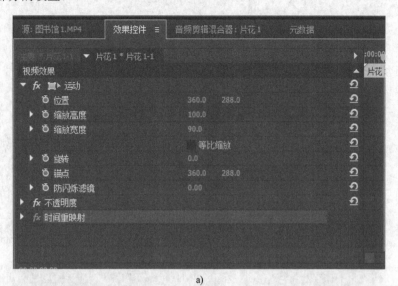

a)

b)

图 6-40　缩小"片花 1-1"

9）选择菜单命令"文件"→"新建"→"字幕"，打开"新建字幕"对话框，将字幕命名为"广外"，单击 T 按钮，在"字幕"窗口中输入文字"广东外语外贸大学"，设置字幕属性。展开"描边"节点，单击"外描边"后面的"添加"，设置"外描边"属性。选择并设置"阴影"，如图 6-41 所示。

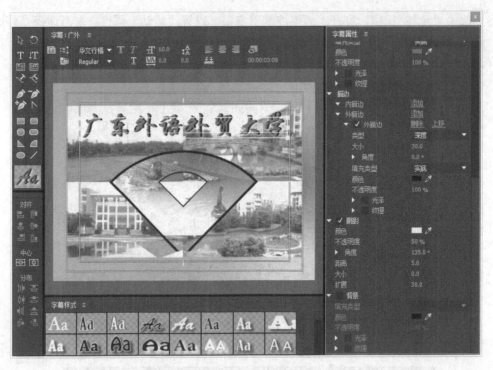

图 6-41　设置字体

6.5　剪辑宣传片

1. 整理"项目"窗口内容

前面已经完成了片花部分，创建了多个序列，现在将这些序列分类整理，分别放置在相应文件夹中。

1）打开"广外宣传片"序列窗口。

2）将"片头"拖至序列的"视频 1"轨道中的第 0 帧处。

3）在 15 秒 18 帧"片头"结尾处，将"片花 1"拖至序列的"视频 2"轨道中，如图 6-42 所示。

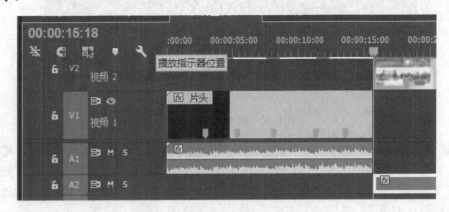

图 6-42　放置"片头"和"片花 1"

4）打开"原始素材剪辑"序列窗口，选择素材并复制到"广外宣传片"序列中，如图 6-43 所示。

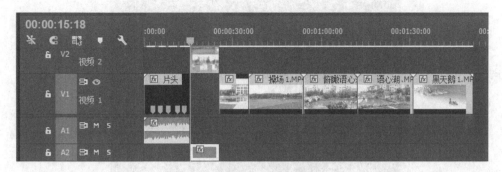

图 6-43　放置素材

5）按次序排列好素材后，为素材添加过渡。在"片花"和内容之间添加过渡效果。打开"效果"窗口，选择"视频过渡"→"划像"→"圆形划像"，并将其拖至片花后，添加 2 秒长的"圆形划像"过渡，如图 6-44 所示。

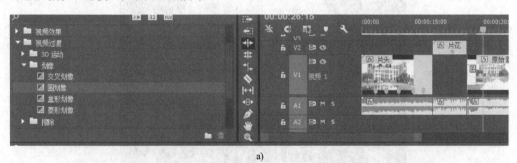

a)

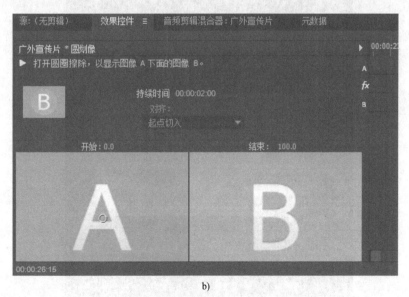

b)

图 6-44　在"片花"和内容之间添加过渡

6）播放预览过渡效果，如图 6-45 所示。

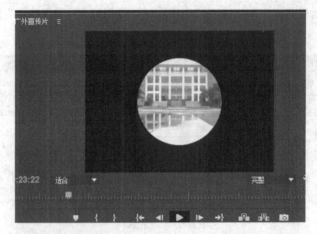

a)

b)

c)

图 6-45 预览过渡效果

7）分别在 35 秒 19 帧、53 秒 20 帧、1 分 12 秒 4 帧和 1 分 31 秒 6 帧单击 ■ 按钮，在序列标尺上添加标记点。

8）用"剃刀"工具在标记点将视频剪开，在镜头之间添加"叠加溶解"的过渡效果，如图 6-46 所示。

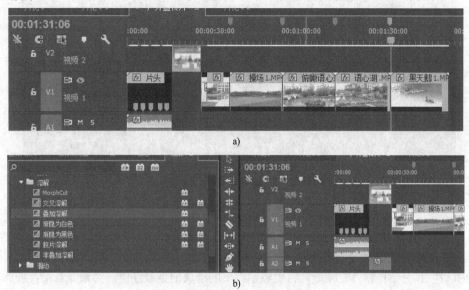

图 6-46　剪辑并添加过渡效果

2．添加背景音乐

1）在"广外宣传片"文件夹下，将歌曲"凤舞岭南"拖至"音频 1"轨道中 25 秒 20 帧处，并让它的长度与视频素材保持一致，如图 6-47 所示。

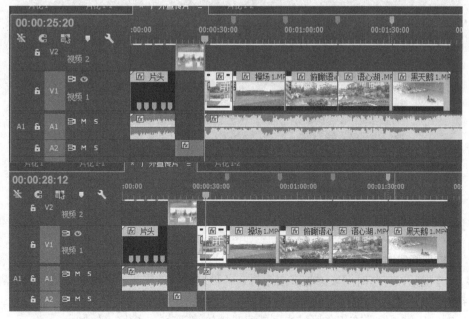

图 6-47　放置背景音乐

2）如果歌曲"凤舞岭南"的音量较大，则降低音量。在序列中选中"凤舞岭南"，然后在"效果控件"窗口中设置"音量"。设置时，先关闭"级别"前记录关键帧状态的开关，再将其设为-6.0dB，如图6-48所示。

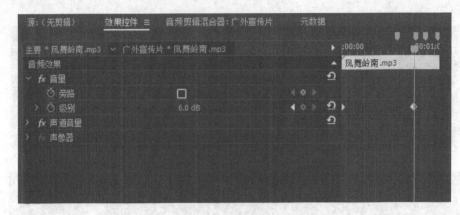

图6-48 降低音量

3）在序列窗口中的结尾处添加音量越来越小直到消失的音乐效果。在"效果控件"窗口中设置音量的关键帧动画效果，在1分48秒处，打开"级别"前面的开关，设置值为-6.0dB，在1分51秒17帧处，将"级别"下的滑块拖至最左侧，为最低音量，如图6-49所示。

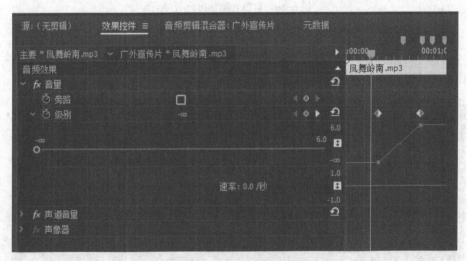

图6-49 设置音乐渐落

6.6 输出宣传片

1. 渲染视频实时播放

1）预览视频，有些时间段添加多层素材、各种过渡、效果等，因此在播放时会出现不流畅或停顿的情况，在时间标尺下面有红色线显示。因此，可进行优化渲染操作，先设置工作区域，按〈Enter〉键，渲染在工作区域内不能实时播放的部分，如图6-50所示。

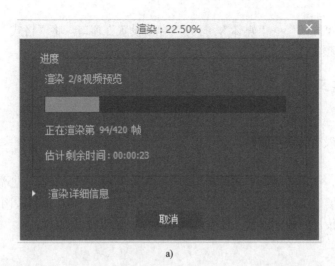

a)

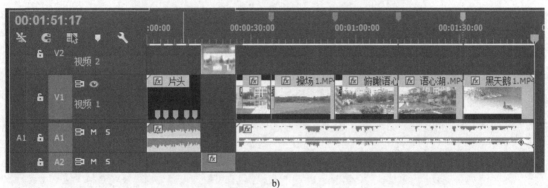

b)

图 6-50 渲染过程

2）在渲染结束后，时间标尺显示绿色线，再次实时预览效果，就不会再出现不流畅或停顿的情况，如图 6-51 所示。

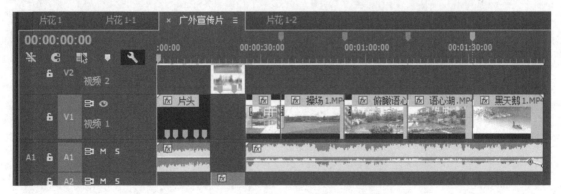

图 6-51 渲染结束

2．导出视频文件

在完成上述所有步骤之后，可以将序列中的内容导出为单独的视频文件，以便保存和使用视频。根据不同的需要，可以选择不同的格式进行输出，如 AVI、MPEG2 等格式。选择菜单命令"文件"→"导出"→"媒体"，打开"导出设置"窗口，将"格式"选择为"AVI"，就可以输出 AVI 视频文件。

6.7　思考与练习

1. 思考题

宣传片制作一般有哪些步骤？

2. 练习题

新建项目文件，命名为"广外宣传片"，导入 5 个视频文件"俯瞰语心湖""体育馆""天鹅""语心湖""操场"，还有两个音频文件"钢琴与二胡对话"和"凤舞岭南"，使用本章的方法，按步骤制作宣传片的各个部分，最后合成宣传片，做成新视频。

第7章 电子相册——宠物相册

在与宠物相处的过程中，人们会捕捉到很多精彩的瞬间，有的憨态可掬、有的清新可人，将这些画面贯穿起来，可以作为一个电子相册向人们展示，同时也将成为人与宠物开心相处的一段美好回忆。通过本章的学习，能够掌握电子相册的基本制作方法，从而制作出更多类型、异彩纷呈的电子相册。

7.1 准备工作

7.1.1 目标

掌握使用剪辑工具将原始素材进行分类剪辑的方法；掌握利用素材来制作片头和片花，最终合成电子相册的方法。

7.1.2 步骤

使用 Premiere 软件完成以下操作。

1．准备素材

1）新建项目。

2）导入素材文件。

2．制作相册封面

1）创建封面字幕。

2）创建"相册封面"序列。

3）放置图片素材。

4）放置字幕并设置字幕动画。

3．制作相册内容

1）创建"爱宠生活"序列。

2）制作相册内容图文效果。

4．合成和导出电子相册

1）整理"项目"窗口内容并添加特效。

2）导出视频文件。

7.2 准备素材

1．新建项目

选择菜单命令"文件"→"新建"→"项目"，新建项目文件，名称为"爱宠相册"。

2．导入素材文件

1）选择菜单命令"文件"→"导入"，选择"素材文件\教材-素材\实例 32"，打开文件夹，导入素材，将其导入"项目"窗口中。

2）在"项目"窗口中创建相应的"素材箱"。选择菜单命令"文件"→"新建"→"素材箱"，创建素材箱并命名为"宠物图片"，选择导入的 12 个素材文件，将其拖至"素材"素材箱中，如图 7-1 所示。

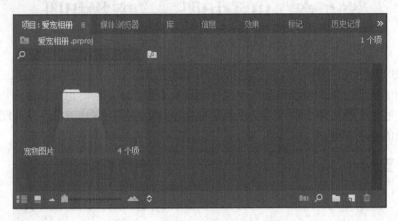

图 7-1　建立素材箱，导入素材

7.3　制作相册封面

1．创建封面字幕

1）选择菜单命令"文件"→"新建"→"字幕"，弹出"新建字幕"对话框，输入字幕名称为"爱"，单击"确定"按钮，打开"字幕"窗口。

2）在工具面板中选择"切角矩形"工具，绘制一个切角矩形，将"圆角大小"设为 70，打开"拾色器"对话框，将"颜色"设为 RGB(200，150，25)，如图 7-2 所示。

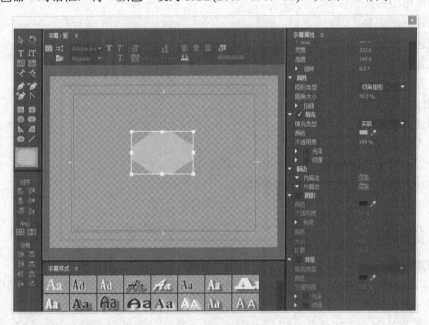

图 7-2　新建字幕

3）输入"爱"字，将字体设为"方正姚体"，字体大小为 100，如图 7-3 所示。

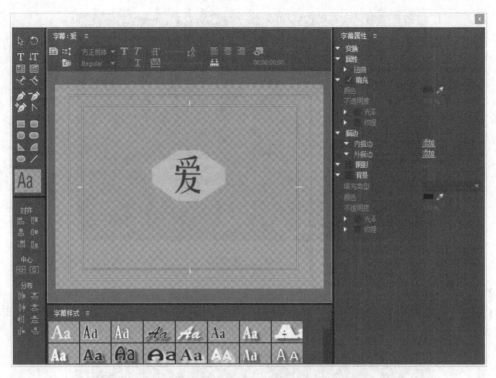

图 7-3 "爱"字幕设置

4）在"字幕"窗口的左上角单击"基于当前字幕新建字幕"按钮，新建字幕，弹出"新建字幕"对话框，输入字幕名称"宠"，打开"字幕"窗口，将"爱"修改为"宠"，如图 7-4 所示。

图 7-4 新建"宠"字幕

5）运用同样的方法，新建字幕"相"和"册"。所有已建字幕如图 7-5 所示。

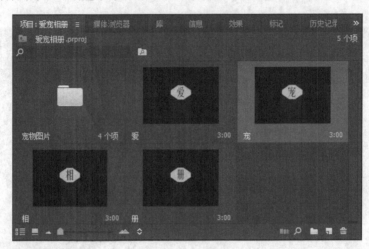

图 7-5 已建字幕

2. 创建"相册封面"序列

1）选择菜单命令"文件"→"新建"→"序列"，新建一个序列，名称为"相册封面"，如图 7-6 所示。

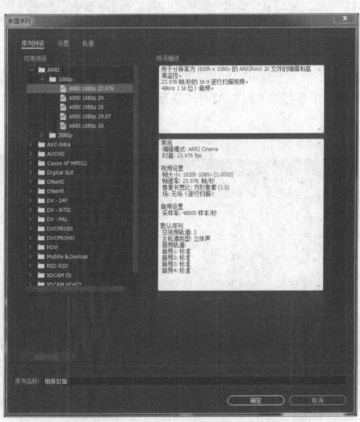

图 7-6 新建"相册封面"序列

2）在"项目"窗口中创建相应的"素材箱"和"序列"，如图 7-7 所示。选择菜单命令"文件"→"新建"→"素材箱"，创建素材箱并命名为"封面图片"，选择图 7-7 所示的 3 个素材文件，将其拖至"封面图片"素材箱中。

名称 ∧		帧速率	媒体开始	媒体结束	媒体持续时间	视频入点	视频出点
	宠物集	25.00 fps	00:00:00:00	00:00:09:00	00:00:09:01	00:00:00:00	00:00:0
	爱					00:00:00:00	00:00:0
	片头	25.00 fps	00:00:00:00	00:00:11:18	00:00:11:19	00:00:	
	相					00:00:00:00	00:00:0
	相册封面	23.976 fps	00:00:00:00	23:00:00:01	00:00:00:00	23:00:1	
∨	封面图片						
	宠物图片 1.JPG					00:00:00:00	00:00:0
	宠物图片 12.jpg					00:00:00:00	00:00:0
	宠物图片 13.jpg					00:00:00:00	00:00:0

图 7-7　创建"封面图片"素材箱，导入素材

3. 放置图片素材

1）打开"相册封面"序列。在"项目"窗口中，将"宠物图片 1"拖至 V1 轨道中，将"宠物图片 12"拖至 V2 轨道中，将"宠物图片 13"拖至 V3 轨道中。

2）选中 V2 轨道中的"宠物图片 12"，打开"效果控件"窗口，设置"运动"属性，使"宠物图片 12"显示在屏幕的左下方。

3）选中 V3 轨道中的"宠物图片 13"，打开"效果控件"窗口，设置"运动"属性，使"宠物图片 13"显示在屏幕的左上方，如图 7-8 所示。

图 7-8　设置"运动"属性

4）选中 V3 轨道中的"宠物图片 13"，打开"效果控件"窗口，单击"运动"节点下的"位置"效果，打开"位置"前面的关键帧开关，在第 0 和 2 秒处，各设置一个关键帧；在第 0 帧处，将"宠物图片 13"拖至屏幕外面的右下方，如图 7-9 所示。

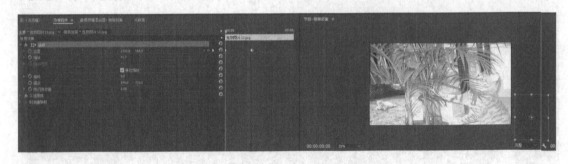

图 7-9　设置"宠物图片 13"关键帧

5）选中 V2 轨道中的"宠物图片 12"，打开"效果控件"窗口，单击"运动"节点下的"位置"效果，打开"位置"前面的关键帧开关，在第 2 和 4 秒处，各设置一个关键帧；在第 2 秒处，将"宠物图片 12"拖至屏幕外面的右上方，如图 7-10 所示。

图 7-10　设置"宠物图片 12"关键帧

6）选中 V2 轨道中的"宠物图片 12"，打开"效果控件"窗口，单击"运动"节点下的"旋转"效果，打开"旋转"前面的关键帧开关，在第 2 和 4 秒处，各设置一个关键帧；在第 4 秒处，将"旋转"参数改为 120（软件中显示为 1×120°），设置后第 3 秒 8 帧处的图片状态如图 7-11 所示。

图 7-11　设置"宠物图片 12"第 4 秒关键帧

4. 放置字幕并设置字幕动画

1）在"项目"窗口中，将"爱"字幕拖至 V4 轨道中，再依次将"宠""相""册"分别放置到 V5、V6 和 V7 轨道中，并将 V1、V2、V3 轨道中的图片时间长度拖至 8 秒，如图 7-12 所示。

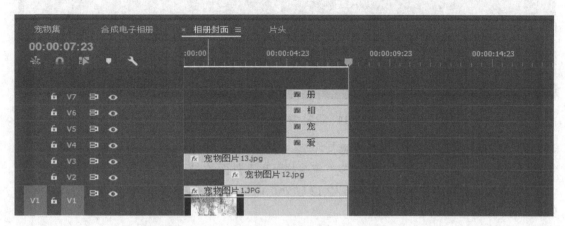

图 7-12　放置字幕

2）选中 V7 轨道中的"册"字幕，打开"效果控件"窗口，单击"运动"节点下的"位置"效果，打开"位置"前面的关键帧开关，在第 5 秒、第 6 秒 12 帧处各设置一个关键帧。在第 5 秒处，将"册"字幕拖至屏幕外面的右上方，在第 6 秒 12 帧处，将"册"字幕拖至屏幕的右下方。接着设置"旋转"关键帧。打开"旋转"前面的关键帧开关，在第 5 秒、第 6 秒 12 帧处各设置一个关键帧，在第 6 秒 12 帧处，调整"旋转"参数为 360，如图 7-13 所示。

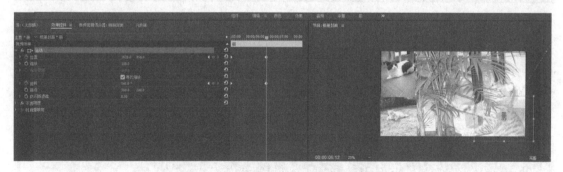

图 7-13　设置"册"字幕的关键帧

3）接下来，设置"相"字幕的关键帧选中 V6 轨道中的"相"字幕，打开"效果控件"窗口，单击"运动"节点下的"位置"效果，打开"位置"前面的关键帧开关，在第 5 秒、第 6 秒 12 帧处各设置一个关键帧。在第 5 秒处，将"相"字幕拖至屏幕外面的左上方，在第 6 秒 12 帧处，将"相"字幕拖至屏幕的上方接着设置"旋转"关键帧，在第 5 秒、第 6 秒 12 帧处各设置一个关键帧，在第 6 秒 12 帧处，调整"旋转"参数为-360。设置后第 6 秒 7 帧处的字幕状态如图 7-14 所示。

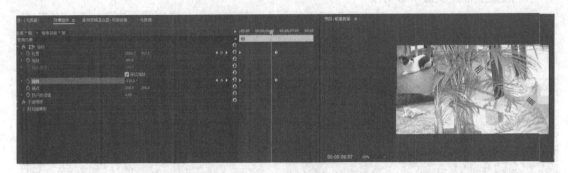

图 7-14　设置"相"字幕的关键帧

4）做相同操作，设置"宠"字幕，在第 5 秒、第 6 秒 12 帧处，分别设置"位置"和"旋转"关键帧。在第 5 秒处，将"宠"字幕拖至屏幕外面的左下方，在第 6 秒 12 帧处，将"宠"字幕拖至屏幕的左上方，在第 6 秒 12 帧处，调整"旋转"参数为 360。设置后，第 6 秒 9 帧处的字幕状态如图 7-15 所示。

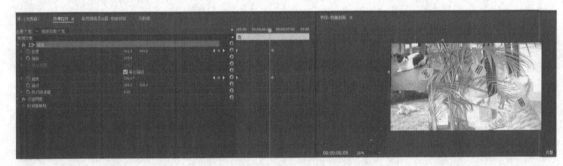

图 7-15　设置"宠"字幕的关键帧

5）做相同操作，设置"爱"字幕，在第 5 秒、第 6 秒 12 帧处，分别设置"位置"和"旋转"关键帧。在第 5 秒处，将"爱"字幕拖至屏幕外面的右下方，在第 6 秒 12 帧处，将"宠"字幕拖至屏幕的左下方，在第 6 秒 12 帧处，调整"旋转"参数为-360。设置后，第 6 秒 4 帧处的字幕状态如图 7-16 所示。

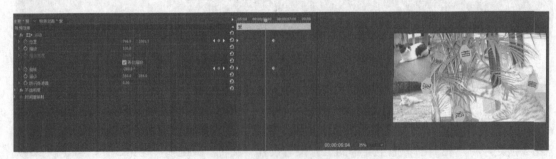

图 7-16　设置"爱"字幕的关键帧

6）预览相册封面的效果，如图 7-17 所示。

图 7-17　相册封面的效果

7.4　制作相册内容

1．创建"爱宠生活"序列

选择菜单命令"文件"→"新建"→"序列"，新建一个序列，名称为"爱宠生活"。

2．制作相册内容图文效果

1）选择菜单命令"文件"→"新建"→"颜色遮罩"，新建一个遮罩，名称为"白色遮罩"，并将其拖至"爱宠生活"序列中，如图 7-18 所示。

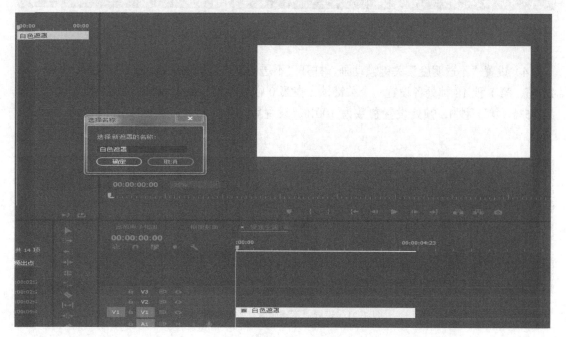

图 7-18　新建"白色遮罩"

2）将"宠物图片 5"拖入到 V2 轨道上，选中 V2 轨道中的"宠物图片 5"，打开"效果控件"窗口，设置"运动"属性，取消选择"等比缩放"，调整"缩放高度"和"缩放宽度"，使图片占满屏幕，如图 7-19 所示。

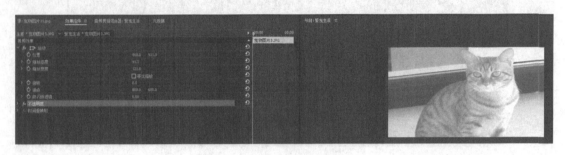

图 7-19　设置"运动"属性

3）打开"效果控件"窗口，设置"不透明度"属性，如图 7-20 所示。

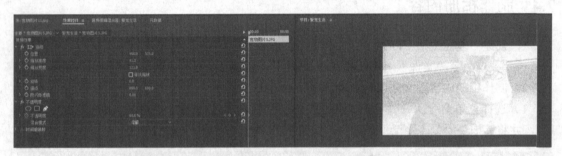

图 7-20　设置"不透明度"属性

4）设置"不透明度"关键帧动画。打开"不透明度"前面的关键帧开关，在第 0 帧、第 15 帧、第 1 秒 18 帧处各设置一个关键帧。在第 0 帧处设置参数为 60%、第 15 帧处设置参数为 75%、第 1 秒 18 帧处设置参数为 100%。设置后，第 1 秒 11 帧处的图片状态如图 7-21 所示。

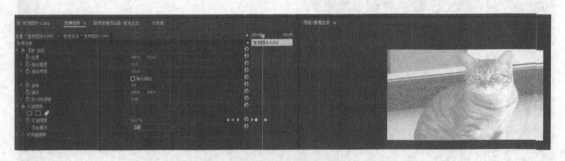

图 7-21　设置"不透明度"关键帧动画

5）选择菜单命令"文件"→"新建"→"字幕"，新建一个字幕，名称为"宠物字幕

1"，打开"字幕"窗口，使用"垂直字幕"工具，输入文字"静静看你"，属性设置如图 7-22
所示。

图 7-22　创建"宠物字幕 1"

6）将字幕"宠物字幕 1"拖入到 V3 轨道上，设置"宠物字幕 1"的关键帧。打开"位
置"和"缩放"前面的关键帧开关，在第 1 秒 8 帧、第 2 秒 3 帧处各设置一个关键帧。在第 1
秒 8 帧处设置"位置"为（960，540）、"缩放"为 108.3；第 2 秒 3 帧处设置"位置"为
（640，456）、"缩放"为 190.3，如图 7-23 所示。

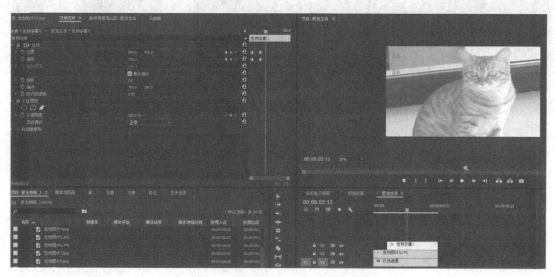

图 7-23　设置"宠物字幕 1"字幕的关键帧

7）选择菜单命令"文件"→"新建"→"字幕"，新建一个字幕，名称为"我是小黑"，打开"字幕"窗口，输入文字"我是小黑"，将该字幕拖至序列 V3 轨道上。

8）将"宠物图片 8"拖入到 V2 轨道上，选中"宠物图片 8"，打开"效果"窗口，选择"视频效果"→"扭曲"→"紊乱置换"，并将其拖至序列中的"宠物图片 8"图片素材上，如图 7-24 所示。

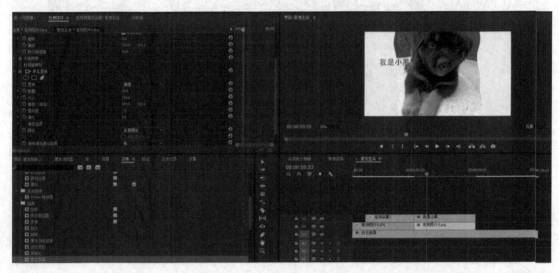

图 7-24　添加"紊乱置换"效果

9）设置"紊乱置换"关键帧动画，打开"数量"和"大小"前面的关键帧开关，在第 5 秒 20 帧、第 6 秒 22 帧处各设置一个关键帧，如图 7-25 所示。

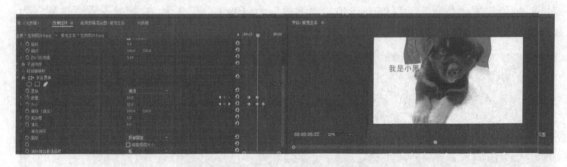

图 7-25　设置"紊乱置换"关键帧动画

10）选择菜单命令"文件"→"新建"→"字幕"，新建一个字幕，名称为"照镜子"，打开"字幕"窗口，输入文字"照镜子"，并将该字幕拖至 V3 轨道上。

11）将"宠物图片 9"拖入到 V2 轨道上，选中序列中的"宠物图片 9"，打开"效果"窗口，选择"视频效果"→"扭曲"→"镜像"，并将其拖至序列中的"宠物图片 9"图片素材上，设置"镜像"参数，如图 7-26 所示。

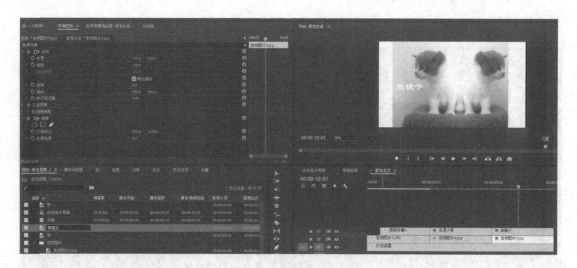

图 7-26　设置"镜像"参数

12）在 V2 轨道的图片之间添加过渡效果。打开"效果"窗口，选择"视频过渡"→"划像"→"交叉划像"，并将其拖至序列中的"宠物图片 5"图片素材上，设置"交叉划像"参数；选择"菱形划像"，并将其拖至序列中的"宠物图片 9"图片素材上，设置"菱形划像"参数。添加的过渡如图 7-27 所示。

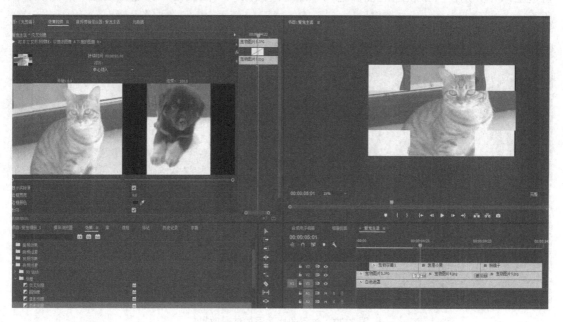

图 7-27　图片之间添加过渡效果

13）在 V3 轨道的字幕之间添加过渡效果。打开"效果"窗口，选择"视频过渡"→"3D 运动"→"立方体旋转"，并将其拖至序列中的"宠物字幕 1"字幕上，设置"立方体旋转"参数；选择"翻转"，并将其拖至序列中的"照镜子"字幕上，设置"翻转"参数。添加的过渡如图 7-28 所示。

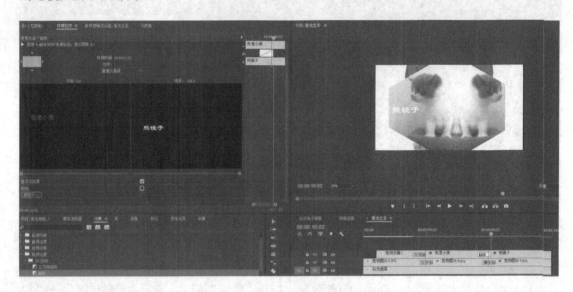

图 7-28　字幕之间添加过渡效果

14）分别将"宠物图片 6""宠物图片 7""宠物图片 10""宠物图片 11"拖入到 V2 轨道上，并分别在 V2 轨道的图片之间添加过渡效果"页面剥落"并进行设置，如图 7-29 所示。

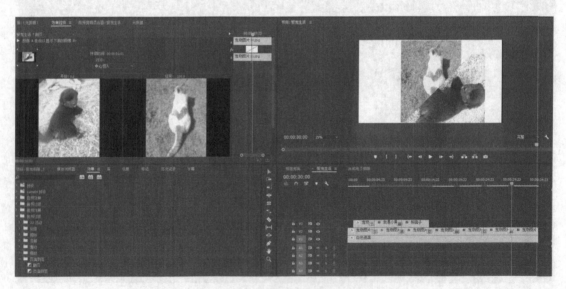

图 7-29　放置图片并添加过渡效果

15）分别将"我在站岗""我不怕""回头一笑百媚生""标准坐姿"字幕拖入到 V3 轨道上，并分别在 V3 轨道的字幕之间添加过渡效果"擦除"，如图 7-30 所示。

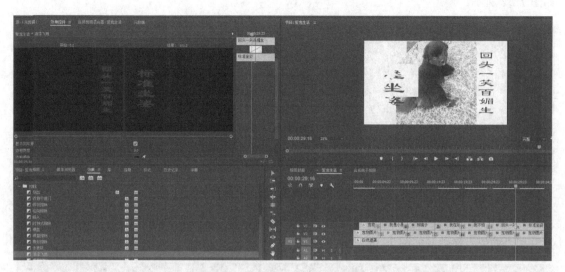

图 7-30   放置字幕并添加过渡效果

7.5   合成和导出电子相册

1. 整理"项目"窗口内容并添加特效

1）选择菜单命令"文件"→"新建"→"序列"，新建一个序列，命名为"合成电子相册"。

2）将前面完成的"相册封面"和"爱宠生活"序列拖至新建的序列"合成电子相册"，如图 7-31 所示。

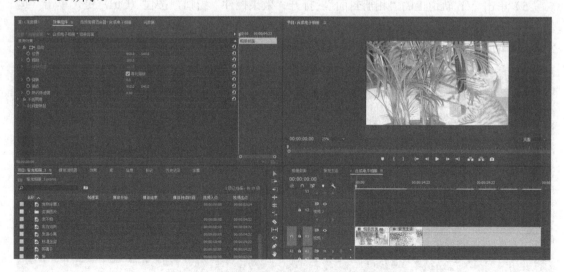

图 7-31   将序列拖至"合成电子相册"序列中

3）选中 V1 轨道中的"相册封面"，打开"效果"窗口，选择"视频效果"→"扭曲"→"变换"，并将其拖至序列中的"相册封面"上。打开"效果控件"窗口，调整"变换"参数，如图 7-32 所示。

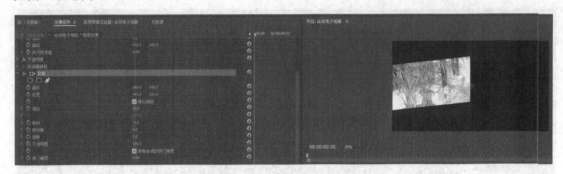

图 7-32　添加"变换"效果，调整参数

4）单击 V1 轨道上的"相册封面"，打开"效果控件"窗口，调整"运动"节点下的"位置"和"缩放"参数，如图 7-33 所示。

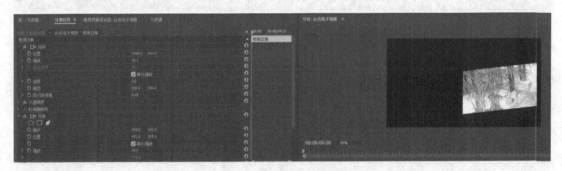

图 7-33　设置"运动"参数 1

5）单击 V1 轨道上的"相册封面"，打开"效果控件"窗口，按住〈Ctrl〉键，单击"运动"和"变换"，然后按住〈Ctrl+C〉组合键，进行属性复制，再单击 V1 轨道上的"爱宠生活"，然后按住〈Ctrl+ V〉组合键，进行属性粘贴，如图 7-34 所示。

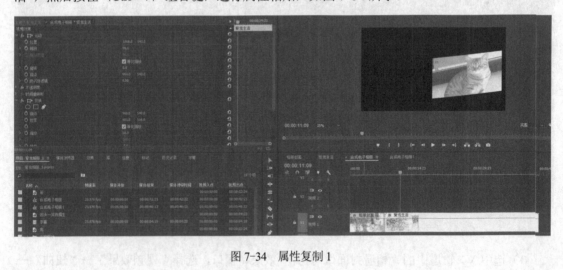

图 7-34　属性复制 1

6）选择 V1 轨道上的"相册封面"和"爱宠生活"，将其复制到 V2 轨道上，如图 7-35 所示。

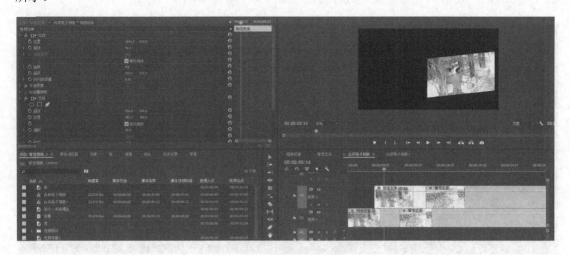

图 7-35　属性复制 2

7）单击 V2 轨道上的"相册封面"，打开"效果控件"窗口，调整"运动"节点下的"位置"和"缩放"参数，如图 7-36 所示。

图 7-36　设置"运动"参数 2

8）选中 V2 轨道中"相册封面"，打开"效果控件"窗口，调整"变换"参数，如图 7-37 所示。

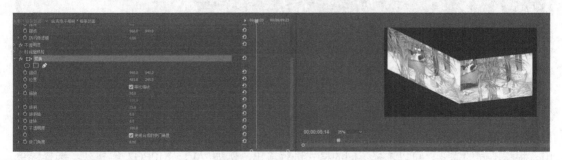

图 7-37　设置"变换"效果

9）单击 V2 轨道上的"相册封面"，打开"效果控件"窗口，按住〈Ctrl〉键，单击"运动"和"变换",然后按住〈Ctrl+C〉组合键,进行属性复制;再单击 V2 轨道上的"爱宠生活",然后按住〈Ctrl+V〉组合键,进行属性粘贴,如图 7-38 所示。

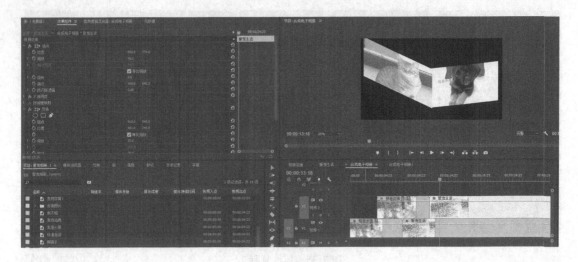

图 7-38 属性复制 3

10）预览"合成电子相册"视频,如图 7-39 所示。

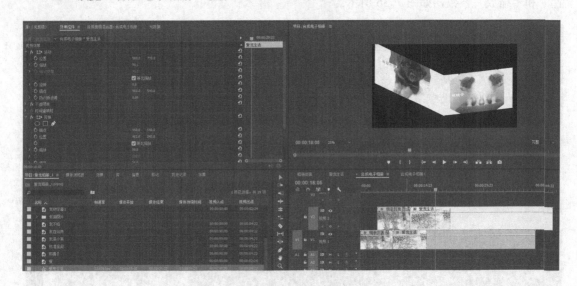

图 7-39 预览效果

2. 导出视频文件

在完成上述所有步骤之后,可以将序列中的内容输出为单独的视频文件,以便保存和使用。根据不同的需要,可以选择不同的格式进行输出,例如 AVI、MPEG2 等格式。选择菜单命令"文件"→"导出"→"媒体",打开"导出设置"窗口,选择"格式"为"AVI",就可以输出 AVI 视频文件,如图 7-40 所示。

图 7-40　导出视频

7.6　思考与练习

1．思考题
电子相册制作一般有哪些步骤？

2．练习题
新建项目文件，命名为"宠物相册"，导入 10 个图片文件，使用本章的方法，按步骤制作电子相册的各个部分，最后合成相册，做成新视频。

参 考 文 献

[1] 新视角文化行. 典藏——Premiere Pro 视频编辑剪辑制作完美风暴[M]. 北京：人民邮电出版社，2011.

[2] Adobe 公司. Adobe Premiere Pro CC 经典教程[M]. 北京：人民邮电出版社，2015.

[3] 李红萍. Premiere Pro CC 完全实战技术手册[M]. 北京：清华大学出版社，2015.

[4] 琳恩·格罗斯，等. 拍电影——现代影像制作教程[M]. 廖澺苍，凌大发，译. 6 版. 北京：世界图书出版公司，2007.